BEST CHOICE ★ EDBA 擎天商學院 ★

成交的秘密

SECRET
OF THE
DEAL

亞洲八大名師首席 **王擎天** / 著

2 以客戶心理和需求為導向，提供解決方案。

建立信任 **1**

要求承諾 **3**

1 用自信、貼心和專業讓你的客戶信賴你。

確認需求 **2**

3 漸進式取得客戶承諾，讓客戶同意立即成交！

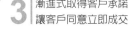

BUY NOW

一本可以讓您增長十倍成交功力的寶典！

王擎天博士又要出書了，受邀寫序，我義不容辭，王博士是我生命中最重要的貴人與恩師，每次相處就像家人一樣，常從博士身上不斷學習到源源不絕的新資訊，就像一座知識寶庫般，總是學習不完，而且王博士提攜後輩的精神，讓我非常的感動，也值得我學習與效法，生命中能有像親人般的恩師，在身邊不斷的提攜與支持是我最幸福的事。

王博士自從投入教育培訓事業以來，他不僅能勝任專業培訓、博雅教學之任務，而且還能著書立說，短短幾年之中著述百本之多，讓我目睹了何謂「著作等身」之盛況！

今天，王擎天博士又完成了一部新作 **《成交的秘密》**，我有幸先睹為快，深深感到這是一部值得向海內外廣大讀者推薦的好書，文中行雲流水般的文字中透出的才氣和淵博知識，精闢的案例分析與紮實的功力和獨特、創新且犀利的成交關鍵，我從內心深處佩服至極。

值得重點一提的是，本書成交六大步，通過簡單的引導，

讓你輕鬆地看透快速成交的秘密。這也是銷售培訓領域，開創性的一刻，把繁雜的銷售世界，在你面前，透過六個簡單的步驟，清晰透徹地呈現出來，逆轉你的人生。

毫無疑問，這是一本值得你永久珍藏的書，因為書中的技巧並不是僅僅來自於當今的銷售培訓課程中，而是來自於實戰，並融合了易經、兵法、西方哲學、行為心理學、談判技巧於一體，打造出的一本無懈可擊之成交的秘密。這一本有關揭秘成交秘訣的銷售寶典！也必將是一本利於增長智慧，促進成功的佳作。

所以您一定要讓自己和團隊，比競爭對手更快學習成交的秘密，也就能夠更快地成功。

為什麼您一定要買這本書呢？

◎ 這本書已把成交的過程，整理成六大步驟，幫助我們簡單學習好吸收，容易運用出來，成為成交高手。

◎ 可以了解：如何一步一步引導客戶說 yes 的過程。

◎ 學會「走出去，把話說出來，把錢收回來」的本事。

◎ 學會如何認識人，了解人，你將無所不能的本事。

◎ 可以學到了解顧客需求心理與渴望，啟動他的購買欲望。

◎ 這是一本實戰經驗，經過反覆驗證，所產生的一本實戰工具書。

◎ 學完這本書，可以讓你的業績成長 10 倍以上。

◎ 帶著團隊一起學習，不但業績會快速得像閃電般成長，團隊的水準更會快速提升，所以這是一本每個團隊與每個人都需要的成交寶典。

◎ 這本書是集合了王博士學習所有世界銷售大師，價值數百萬以上的課程，學完這本書就擁有所有世界大師的銷售精華和實戰。

◎ 因為這是一個競爭的時代，成交比的是速度，所以一定要比競爭對手，提早學會成交的秘密關鍵，才能更快讓自己業績倍增。

◎ 尤有甚者，本書還搭配了整套資訊型產品：除了書（紙本與電子版）之外，還有 DVD、CD 等影音實況授課光碟，一般的影音光碟大部分是在攝影棚內收音拍攝而成，少了現場實況的臨場感。而本書搭配之影音光碟是王博士在王道增智會講授「成交的秘密」課程的實況 Live 原音收錄，您不需繳納 $19800 學費，花費不到千元就能輕鬆學習到王博士的秘密系列課程！（**《成交的秘密》**視頻有聲書 2DVD+CD 售價 $990 元，墊腳石等各大書局均有售。）

◎ 人生無處不成交！揭開成交的秘密，人生境界就此展開！

　　有太多太多的理由，需要擁有這本書，我在業務領域 17 年來，發現這本書不但可以讓您少走不少冤枉路，而且是可以讓你業績倍增的成交聖經，「銷售」是通往夢想的唯一途徑，而銷售最終的結果就是要「成交」。

　　所以，期待大家一起透過這本**《成交的秘密》**，成為成交高手，實現人生夢想，邁向超越巔峯的人生！

超越巔峯執行長　

林裕峯

業務領域 17 年經歷，帶領萬人團隊！
投資大腦超過 300 萬以上，公眾演說超過 3500 場以上！
專長：銷售訓練、溝通表達、領導激勵、心理催眠、公眾演說、NLP、
　　　　NAC。
經歷：

- 2015、2016、2017年連續三獲評選為「世界華人八大明師」導銜
- 超越巔峯商學院執行長
- 暢銷書作家，著有《成交就是這麼簡單》&《銷傲江湖》
- 夢想起飛關懷協會代言人
- 今周刊特邀講師
- 2015 年 5 月 2 日與力克胡哲同台，萬人活動開場嘉賓
- 年代電視台——發現新台灣個人專訪
- 經濟日報、工商時報、警廣……等許多廣播及雜誌的專訪

我不是奇葩！他才是！

我與擎天兄相識於高中時期，我們是建中高一 24 班同班同學。他坐我旁邊，我當時因為廣泛做了各版本參考書的題目，所以考試時很多題目看到就已經知道答案了（這是否代表命題老師不負責任：考試命題都直接去抄參考書的題目？），數學一科幾乎都考滿分，因而被譽為奇葩！但後來大學聯考數學一科我只考了 92 分，同屆的數學高手沈赫哲也沒有考滿分，反而是王擎天數自與數社都考了滿分，他的歷史與地理也考了滿分，轟動當時啊，所以其實我不是奇葩！他才是！

原本我以為像他這樣的數理資優生，應該是讀醫科的料，但沒想到他在高二時，因對文字創作更感興趣，為了主編校刊與其他刊物（還說將來要開出版社），竟然選了社會組就讀！在種種條件的限制下，擎天兄仍帶領團隊排除萬難，出版了象徵建中精神的《涓流》等刊物，證明了人定確可勝天，也足見其文學造詣不凡，不愧為當年紅樓十大才子之一。

大學畢業服完兵役後，我們都找到了機會出國深造，身處美國的東西兩岸，擎天兄學成後即返台服務，我則留在美國

繼續發展。前幾年我們因緣際會又見了一次面,也了解了他的近況,當年那位傳奇的熱血青年居然真的投入了出版事業,憑著一雙手與一隻筆,他將昔日的夢想實現了。我們都知道,追求熱愛的興趣需要勇氣,要放棄天賦異稟的才能卻需要更多勇氣;然而,尤為可貴者,擎天兄自理想與現實中取得了平衡點,將興趣、專長相輔相成。

擎天兄不遺餘力地投入文字傳播,他將文化創意結合所長的數學邏輯,因此字裡行間處處可見他那高人一等的理性思維,文中的觀點獨樹一格,卻又不流於標新立異。一本著作能擁有這般的深度、廣度與效度,不可不謂是圖文傳播事業中又一場的華麗。時至今日,擎天兄擁有台大經濟學士、美國加大 MBA 與統計學博士的高學歷,更榮登當代亞洲八大名師與世界華人八大明師尊座。但即使在諸多響亮頭銜的包圍下,他仍不曾懈於對知識文化的耕耘,如此多元的學識背景,加之對世間人事物的關懷,令他筆下的辭藻猶如浴火的鳳凰般直衝天際,在他宏偉抱負的感召之下,我們果然看到:文字的力量已為這個社會帶來了全新的氣象。

如今的他,不僅已是財經培訓與教育界的權威,在非文學領域的創作上更佔有一席之地。他對大千世界傾注了全部的熱情,並且善於微觀這個大而複雜的天地,也樂於分享自己從生活中覓得的寶藏。熱愛學習的他,更是熱衷於向大師取經學

習，總是不遠千里赴中國、美國上了不少中外名師的課程與講座，有幾次他在美國的行程還是我接待他的。聽聞擎天兄在台灣開辦如何揭露成為鉅富的秘密課程——擎天商學院系列佳評如潮，轟動培訓界，為嘉惠其他未能有幸上到課的讀者朋友們，於是與出版社合作推出這一系列秘密課程。第一本就是**《成交的秘密》**，是擎天兄向各銷售冠軍如喬‧吉拉德、喬丹‧貝爾福特學習成交的心得，並融合多年的實戰驗證確實有效的精華，價值數百萬以上，讀完這本書就擁有所有世界大師的銷售精華和實戰秘技，是您增長智慧，促進成功的銷售寶典。跟著擎天兄這樣的大師學習，無論您是才剛起步或已上軌道，擎天商學院都能助您攀向巔峰！

　　祝福各位了！

永遠的建雛

站在巨人的肩膀上學習

自25 年前至 5 年前，台灣補教界傳奇名師王擎天博士，以其「保證最低 12 級分」的傳奇式數學教學法轟動升大學補教界！同時王擎天博士前後於兩岸創辦並成功經營了共計 19 家文創事業，期間又著書百餘冊，成為兩岸知名暢銷書作家。但最為傳奇的故事仍是王博士 5 年前成立王道增智會投身入成人培訓志業，王道增智會下轄十大組織，其中「擎天商學院」共有 28 堂秘密系列課程，上過此課程的會員均稱受用匪淺、受益良多！尤其對創業者與經營事業者有如醍醐灌頂，有效幫助他們在事業上的成長，可謂上了這 28 堂秘密系列課程之後，勝過所有商學院事業經營系學分之總合！

雖然商學秘密系列內容豐富精彩且實用而深受學員歡迎，然而這 28 堂秘密系列課程是只限王道會員能報名學習的，更令人可惜的是王道增智會僅收五百人。以致於即使佳評如潮，推薦不斷，受惠者也只有王道的五百名會員。因實在是太可惜與可貴了，敝社於是和王博士情商合作，由總編輯親率編輯團隊與攝錄製團隊，花費兩年時間，全程跟拍擎天商學院全部秘密系列課程，出版了整套資訊型產品：包括了書（紙本與電子版）、DVD、CD 等影音圖文全紀錄，以書和 DVD 的形式來

嘉惠那些想一窺 28 堂秘密課程的讀者們，才有了這套書的誕生！

這本**《成交的秘密》**是王擎天博士近幾年不遠千里赴中國、美國上了不少銷售高級班、成交班，向中外各銷售冠軍如喬‧吉拉德、喬丹‧貝爾福特學習成交的心得，並融合王博士多年的實戰經驗而得出的精華，機密指數破表，可以說是價值數百萬元以上！買了這本書，就等於上了多位銷售大師的菁華課程，一次將大師的成交秘技帶回家，是提供你最佳解決方案的寶典！

銷售的最高境界不是業務員把商品銷售出去，而是把自己「推銷」出去，把客戶「引導」進來。

哈佛企管超級業務員充電課程中提到「業務員不只是負責銷售，他們是不斷追求改變的學生，自我要求處理不滿現狀的醫生，為客戶架構最理想境界的建築師，為團隊創造高績效的教練，消除客戶購買恐懼的心理醫生，促使客戶做正確決定的談判高手，也是一位啟發他人新期望的老師和不斷培植出令人滿意水果的好農夫。」身為業務員必須揣摩好這八大角色。本書內容完全涵蓋了這八大角色，是王博士研究與歸納多位超級業務員最核心的銷售精華，及無數業務員奔波、思考、行動的銷售經驗，濃縮總結而成。希望王博士的不藏私大解秘，能對有志業務與創業者有所幫助，完善職業生涯，從平凡走向優

秀，更為自己創造不斐的身價，實現個人價值，成功把自己行銷出去，成為業績之王。

　　銷售，不僅僅是業務員簡單地把商品推銷給客戶，而是一場心理博弈戰，哪個業務員能牢牢掌握住客戶的心理，誰就能在銷售戰中脫穎而出。

　　美國銷售大師喬・甘道夫博士（Joe M. Gandolfo）有一句名言：「成功的銷售，來自於 2％的商品專業知識，以及 98％對人性的了解！」換言之，成交的最主要關鍵，通常都不僅僅是你夠專業而已，而是因為你夠了解客戶心理、洞悉「人性」，才能啟動客戶的購買鍵。

　　成交就像釣魚一樣，你想成功釣到魚，魚餌是關鍵，因為，不同種類的魚對於魚餌的喜好也不同。你必須先思考魚兒喜歡吃什麼，再來挑選魚餌。所以身為業務員的你，想要「釣」到你的客戶，就要站在客戶的角度思考問題，了解客戶在想什麼、在意什麼，想客戶所想，做客戶希望你做的，他們才會主動找你買。當你希望客戶主動掏出錢來成交，就得有說服不同的客戶掏錢的理由，而這個理由就源自客戶的內心。不同的人有著不同的性格，同樣的，客戶的性格也千差萬別，要想掌握不同類型客戶的心理，並不是一件容易的事情。這就需要業務員練就一雙鷹眼，觀一點而窺全貌，使自己掌握主導權，牽著客戶走向成交之路。

　　業務的工作就是面對人群，可以說顧客就是市場。因此，知道客戶是如何想的，比什麼都重要！然後要針對客戶在銷售過程中每一心理階段的變化與反應，以顧客導向來調整自己的行動。所以，要想成功拿到訂單，業務員從和客戶見面開始，一切的銷售行動都要跟著客戶心理的變化去做調整，本書是一本結合業務員銷售技巧和客戶心理學，總結出顧客導向銷售秘技，從銷售觀念、技巧再深入至精髓，透過生動的解析和事例，教你如何看透顧客的心理，讓客戶的秘密無處可藏，循序漸進引導出客戶需求，使自己掌握主導權。文字中潛藏著無數卓越銷售人才經歷成功和失敗之後蓄積的無窮力量。

　　銷售的過程其實就是銷售員與客戶心理博弈的過程。那些超業都在用的成交的必殺技、複製銷售冠軍的思維模式、平衡式話術、跨界與價值……所有顧問式銷售的心法、秘技，王博士均實際用過且證實確實有效而如數分享在本書中，讓我們可以站在巨人的肩膀上，看到更多新觀點，學習可以更廣更深更精準，這就是成交的保證，以客戶心理和需求為導向，獲取客戶階段式承諾，就能漸進式成交，成功接單！

創見文化出版社

社長　　蔡靜怡

總編輯　馬加玲　謹識

腦袋歸零──超業們的成交秘密

成交第 1 步
接觸客戶，贏得好感建立信賴感

3
CHAPTER

成交第 2 步

找出客戶的問題與渴望

4
CHAPTER

成交第 3 步

滿足需求，塑造產品的價值

CONTENTS

5 CHAPTER

成交第 4 步
化解抗拒，處理顧客異議

6 CHAPTER

成交第 5 步
成交試探，要求成交

成交第 6 步

持續服務並要求轉介紹

行銷、成交等相關主題
歡迎各大學術機構、企業、
組織團體邀約演講&企業內訓！

王博士
演講邀約

電話：(02) 2248-7896 分機302
E-mail：iris@book4u.com.tw

CHAPTER 1

腦袋歸零——
超業們的成交秘密

SECRET
OF THE
DEAL

行銷與推銷

　　行銷組合是指在目標市場上，為了讓產品或服務順利銷售，所採行的各種行銷手段。其中最具代表性的就是 4P 了。

　　Marketing 行銷學（市場學）於是成為顯學，最早的行銷學只研究 3P（product 產品、price 價格、place 地點）後來進展到 4P、5P、6P……（promotion 促銷、position 定位、publicity 公關、package 包裝，Purple Cow 紫牛……陸續加入），二十世紀末 George Lois 與 Bill Pitts 又提出了所謂的第 15 個 P（當然也可能是第 16 個或 17 個）── pass-along 傳閱率。進入二十一世紀之後各種新的 P 有增無減，例如 Philip Kotler 提出了 physical evidence 具體感受與 personalization 個人化等等（當然，在台灣一定要加上 politics 政治因素），越來越多的 P，可謂不勝枚舉啊！

行銷與銷售的差異

　　成交是一步一步讓客戶把錢掏出來，頂多是戰術的層次，但其實它就是一場戰役，是單兵基本教練，充其量你在學會公眾演說後可以一對多做銷售。至於戰略層次指的是什麼呢？像老闆就需要懂戰略，要訂策略、訂發展方向。而品牌則是最高

的戰略層次，也就是行銷。而成交則是推銷。以軍隊的概念來說，成交是單兵基本教練，談的是一對一如何成交。

你知道有一個學校，它的生師比是一個學生配二十多位老師嗎？你知道它是什麼學校嗎？那個學校就叫戰略學院，足以看出戰略的重要。軍人位階上校再上去是升將軍，最小的將軍是少將，而上校升少將時要先去進修，去哪裡進修呢？若本身是陸軍就去陸軍學院，海軍就去海軍學院，它的師生比是四比一就是平均一個學生會有四個老師來教你，你全部修習完成學會了才能當將軍。將軍再往上晉升可以升中將，而中將再升上將時就必須去戰略學院進修。那個時候可能一個班就六個學生，卻有一百多名教授來教這六名學生。

而我們做生意的戰略是什麼呢？就是行銷。但本書主要所談的不是行銷而是成交，成交的層次是戰術，最多是戰役。很多人將行銷與銷售視為相同的，其實有其極為不同之處，請看以下行銷和推銷的區別表：

推 銷	行 銷
從製造出一個產品出來後才開始	在一個產品製造出來前就開始
把產品賣出去，把錢收回來，重視的是技巧與話術。	銷售前的沙盤推演和準備工作，強調的是策略。
利用業務員與顧客進行一對一或一對多的溝通，進而成交	行銷包含了銷售，但不等同於銷售！建立顧客群的購買 GPS。
把產品賣好	讓產品好賣

一次性	多次性、永久性
說服顧客買產品	讓顧客主動上門買東西
銷售人員著重於與顧客勤於接觸，解決反對問題，說服顧客購買……等	行銷人員著重於收集資訊，整合分析，創意發想，建構品牌……等
一對一	一對多
用體力	用腦力
用嘴巴	用頭腦
滿足客戶的需求	挖掘客戶的潛在需求，甚至創造需求！

行銷的最高層級是 Brand，品牌。因為你有了品牌，基本上就不太需要做推銷了，屆時顧客會自動跑來找你買。所以，行銷越強，推銷越不重要！

行銷 4P

行銷 4P 最早是在 1960 年由美國行銷學者麥肯錫（JeromeMcCarthy）所提出。4P 是由四個英文單字的字首所組成，並以產品為導向。而行銷組合是將這 4P 互相搭配應用。4P 內容如下：

1 產品（Product）

當然除了實質的東西是產品，服務也可以是產品。應該推出什麼樣的好產品？包含：外型設計、功能、包裝、品質、附加贈品……等，以期符合顧客的需求。產品不單指商品本身，也包含服務、品牌、形象等所有因素的集合。

2 價格（Price）

你要賣多少錢？高價位可以帶來更多的利潤，但銷售量就會受到一些限制，低價銷售量大，但獲利可能有限。通常在訂價時會考慮到經濟學上的需求彈性（Price elasticity of demand），需求彈性高的產品訂價宜低，反之，需求彈性低的產品訂價宜高一點。除了市場上的定價外，也包含了折扣價格、經銷商價格、量販價格、零售價格等。

③ 通路（Place）

你要放在哪裡賣呢？包含行銷的管道、顧客購買的地點、物流流程等，行銷人要思考以什麼通路來行銷才能將產品以最具經濟效益的方式傳達到顧客。而不同屬性的產品適合不同的通路。另外，很多人都把通路想得太簡單，認為放在 7-11 賣就好了啊，殊不知 7-11 會理你嗎？這就是問題的關鍵，很多人就是敗在這裡。所以，我所建立經營的企業都是先從通路開始著手，而不是產品，因為我知道通路是最麻煩的，當所有通路，也是就銷售管道建立起來之後再去落實我的產品。這也是眾籌思維的精華。

④ 促銷（Promotion）

促銷就是為了達成短期業績目標，將產品提供給顧客，無論買一送一、第二件五折、滿千送百、四人消費一人免費等，都是一種促銷策略。促銷重點在於刺激顧客購買欲，吸引更多新顧客，以期達成短期業績目標。

對於顧客而言，顧客們最希望能在方便簡單的情況下，用最便宜的價格買到品質最好的產品；對企業而言，上述 4P 環環相扣，不能單一思考，這是行銷人要注意的。

除了 4P 之外，部分行銷界人士又提出了行銷 7P 的概念，也就是在原來的 4P 之外再加上，人（People），流程（Process）和實體例證（Physical Evidence）。7P 的概念尤其適用於服務業。

5 人（People）

在服務業中，第一線的服務員是和顧客最直接的接觸者，許多顧客也會以和企業員工的互動經驗評價這個企業的好壞，所以人對企業乃至其品牌具有非常重要的意義。

6 流程（Process）

指的是企業提供服務的流程，例如航空公司訂位流程是否快速便捷，物流與快遞公司是否能在顧客期望的時間，將物品及時送達目的地，在餐廳用餐是否要苦苦等候點餐與供餐，高鐵訂票服務是否順暢等，這些都是顧客評鑑企業優劣的重要因素。所以，為了強化企業的服務流程，各種服務業都建立了SOP（Standard Operation Procedure 標準化作業程序），並且對員工施以嚴格的教育訓練，使得人員服務和網站能達到一定的品質水準。

例如：麥當勞為了縮短客戶點餐等候的時間，客戶排隊現場另有幾位服務人員會在等候的顧客身邊逐一詢問顧客點餐的項目，並且以便條紙記下內容，當輪到顧客向櫃台服務生點餐時，只須將便條紙交給櫃台服務生，就可以迅速完成點餐作業；甚至有些店會另外設置「得來速」，開車來的顧客不須下車，在得來速的專用停車道就能點餐與取餐，解決了用餐必須四處找停車位的問題。

又好比信義房屋和永慶房屋等房仲業者，為了縮短為客戶搜尋房屋及現場帶看的時間，而全面推動 e 化服務，經紀人身

上都配有可以上網的智慧型手機或平板電腦，房仲經紀人只要上網連線進入公司的資料庫，就可以立即下載租售房屋的資料及照片，讓客戶先瀏覽並篩選過資料後再到現場看屋，大幅節省顧客的時間也提升經紀人的工作效率，進而順利圓滿成交。

7 實體例證（Physical Evidence）

指的是顧客在消費現場中透過五官感受到的所有事物，例如：使用的傢俱，店面的設計，商品的陳列，裝潢的材質，現場的氣氛，播放的音樂，商品的包裝，燈光與色調，人員的制服，企業的 Logo 等都會在顧客心中形成一種印象評價，像喫茶趣餐廳在店內與店外種植樹木而且喜歡採用大片的玻璃，讓消費者有一種窗明几淨以及綠意盎然的感覺，另外像王品集團的西堤牛排，汽車旅館每間不同風格的裝潢等，都能透過五官感受到現場的氛圍。

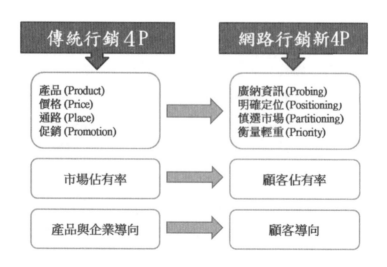

傳統行銷4P	網路行銷新4P
產品 (Product) 價格 (Price) 通路 (Place) 促銷 (Promotion)	廣納資訊 (Probing) 明確定位 (Positioning) 慎選市場 (Partitioning) 衡量輕重 (Priority)
市場佔有率	顧客佔有率
產品與企業導向	顧客導向

行銷 1.0 是以產品為核心；行銷 2.0 是以顧客為核心；行銷 3.0 則以溝通為核心；行銷 4.0 則以感情和心靈為核心，目的是要讓品牌自然融入消費者的心中，形成腦內 GPS。行銷從 1.0 到 2.0 到 3.0、4.0，目的都是為了建立品牌，然後讓這個品牌深植人心，最後形成一股力量。

以往創意、溝通傳播、行銷等是幾個獨立的概念，現在則走向一體化，以互動共鳴產生內化的效果。好的創意要能引起潛在顧客體驗與互動的動機，然後在體驗與互動中，同時完成了價值訴求的溝通與傳播，如此才能使行銷的效度 MAX 化。

行銷 4.0 時代，傳播管道與形式極為多元，傳遞與接收資訊的方式則極為破碎，所以 DSP 的傳播溝通方式就顯得極為重要！

所以現在已經進入行銷 4.0 的時代，這個時代叫品牌人性化時代，高明的行銷是讓潛在客戶與我們的產品或服務產生情感上的連結，將品牌人性化。

行銷對話提升到心靈上的溝通，讓消費者在極其自然的環境下，接受我們的價值主張。讓行銷消失於無形，因為它已經自然融入到消費者的心中了！所謂不銷而銷是也。

顧客導向 4C

後來隨著市場上的競爭日趨激烈，行銷人發現 4P 有其盲點，似乎無法完全兼顧到顧客的需求，難以掌控市場的變化。所以，著名行銷專家羅伯特・勞特朋（Robert Lauterborn）提

出了以顧客為導向的 4C 理論。4C 內容如下：

1 顧客（Customer）

顧客有其欲望和需求，所以要先以消費者的角度去思考設想，而不同的顧客群有不同的欲望和需求。企業的產品必須能帶給顧客所期望的利益。

2 成本（Cost）

這裡的成本不單指企業生產的成本和支付的成本，也包含了顧客購買時間的成本，體力的成本和風險的成本。當顧客經評估過後，願意購買的金額如果高於產品的定價，則企業就能獲利了。重點是要讓顧客心甘情願把錢拿出來，所以行銷人要了解顧客心理能接受的價格區間，以滿足買賣雙方的需求。企業對產品的訂價就是顧客獲得產品所必須付出的成本。

3 便利性（Convenience）

顧客以什麼方式最容易購買取貨，這些都是行銷人要去思考的。企業的產品必須讓顧客能方便購買和取貨，也就是便利性。

4 溝通（Communication）

溝通不是單向，而是雙向的，企業不再只是自己想怎樣就怎樣，要傾聽顧客的聲音，適時修正調整，以求更貼近顧客需

求的產品。企業不要老是做促銷，更要多與顧客溝通，以建立顧客對企業和產品的好感度和忠誠度。

　　如果想讓顧客再消費，可以採用 4R 行銷，如下：

1. 重新設計（Redesign），設計美學創意，創造獨特體驗。

2. 重新組合（Recombine），重新包裝故事，創造新的價值。

3. 重新定位（Reposition），企業再造，品牌再造，重新定義再出發。

4. 重新想像（Reimagine），新觀念、新思維、新願景。

　　4 個 Re（重新），代表更好的產品、更有價值的服務、更有意義的品牌。

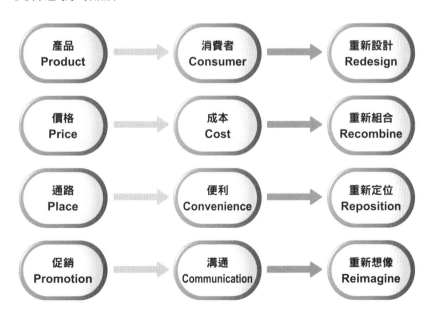

最後，和大家分享我自己給行銷下了一個簡要的定義：

價值的主張→傳遞→實現。

你有一個產品或服務、或是個團隊、公司，你有你的價值主張或價值訴求，描述了你的價值訴求之後，透過溝通，將價值主張傳遞給潛在的目標客群，所以，你要做廣告或溝通來傳遞這個價值，最後讓價值實現在客戶和你自己身上（售出你的產品或服務），這也就是共好（客戶擁有產品的價值，而你賺取利潤）。

銷售流程中要銷的是什麼？

答案是銷售你自己，你要先把自己推銷出去人家才會買你的產品。如果你自己這個人都沒能被客戶認同，客戶怎麼會買你的產品或服務呢？如果你讓人看起來沒自信，沒專業，一副沒料的樣子，客戶怎麼會買你的產品呢？即使你的公司、你的產品是一流的……也是枉然，因為客戶不一定要跟你買。

銷售不僅僅是把產品賣出去，而是在販售「個人魅力」。銷售是一個過程，在這個過程中最重要的環節就是贏得客戶的信任和好感——也就是把自己推銷出去。客戶只有在認同眼前這個業務員之後，才有可能接受他銷售的產品，不然再好的產品也難以打動客戶。尤其是高單價的商品，客戶通常比的不是商品，而是品牌以及人（銷售人員）。所以，優秀的業務員都是在向客戶介紹產品前先把自己介紹給客戶，在取得客戶的信任後才開始介紹自己的產品，進而讓客戶掏錢買單。

賣產品前先把自己賣出去

班・費德文（Ben Feldman）是美國保險界的傳奇人物，被譽為「世界上最有創意的推銷員」。他剛進入保險業時，穿著打扮非常不得體，業績甚差，公司有意要辭退他。

　　費德文因此非常著急，就向公司裡業績第一名的業務員請教。那位第一名業務對他說：「因為你的頭髮理得根本不適合銷售這行業，衣服的搭配也極不協調，看上去非常土氣！你一定要記住，要有好的業績，先要把自己打扮成一位優秀業務員的樣子。」

　　「你知道我根本沒錢打扮！」費德文沮喪地說。

　　「但你要明白，外表是會幫你加分，幫你賺錢的。我建議你去找一位專售男士西服的老闆，他會告訴你如何打扮才適宜。你這麼做，既省時又省錢，為什麼不去呢？這樣更容易贏得別人的信任，賺錢也就更容易了。」那位第一名的業務員衷心地建議道。

　　費德文於是馬上去了理髮店，要求髮型設計師幫他設計一個超級業務員的髮型，然後又去了同事所說的男西服店，請服裝設計師幫他設計一下造型，服裝設計師非常認真地教費德文打領帶，為他挑選西服，以及選擇相配的襯衫、襪子、領帶等等。他每挑一樣，就順便解說為何挑選這種顏色、款式的原因，還特別送給費德文一本如何穿著打扮的書。

　　從此，費德文像變了一個人似的，他的穿著打扮有了專業業務員的樣子，使得他在推銷保險時更具自信，而他的業績也因此增加了兩倍以上。我們要為成功而穿，為勝利而打扮，但並不是要花大錢穿名牌。這是因為客戶也是會看你的服裝來打量你這個人是否值得信任，如果一個保險業務員跟你談一個幾百萬的保單，卻是一身邋遢不得體的打扮，你會放心跟他買

嗎？

世界汽車銷售冠軍喬‧吉拉德每天起床穿好衣服後，都會站在鏡子前問自己一個問題：「今天有人會買你嗎？」

所以如果你能讓客戶對你有一種可以信賴和放心的感覺，基本上就已成交在望了。

你一定要在客戶心中留下良好的印象，最好要有自我形象與特色，讓客戶在有需求的時候隨時都能想起你。業務員最怕的就是服務了半天，客戶對你毫無印象，因此設計自己出現的方式，加深客戶對你的第一印象是非常重要的。如每次出現時都會帶小點心；固定的裝扮，如前 101 董事長陳敏薰的黑色套裝加盤髮是一種方式；幽默風趣，每次一到就帶來歡笑是一種方式……，最忌諱的就是讓自己默默地像個隱形人似地出現與消失，讓客戶連名字都叫不出來。

介紹產品前先介紹自己

初次與客戶見面時，首先不是介紹你的產品，而是爭取讓客戶認識你，認同你。有些業務員過於心急，他們滿腔熱情地向客戶介紹產品，不懂得循序漸進的道理，恨不得馬上將那些陌生的客戶變成自己的搖錢樹，讓客戶購買產品。這些業務員在與客戶第一次見面就迫不及待地拿出自己的產品，向客戶介紹，其實這樣很容易觸動客戶的防衛機制，遭到拒絕。

初次與客戶溝通時，請不要過多提及公司及產品的相關內容，除非客戶主動問起，否則不要以賣產品為話題。你可以盡

量引導客戶多說話，多向他們提問，與客戶多談一些生活上的事，或客戶的一些興趣愛好，相同的愛好能夠為業務員與客戶提供更多的話題，化解尷尬的氣氛，拉近雙方的距離，贏得他對你的好感，使溝通更順暢，進而願意與你合作。

良好的態度能令人產生好感，經常保持微笑的業務員能夠給客戶帶來好心情，使客戶願意與之接觸。除此之外，總是面帶微笑的業務員還能夠給人一種充滿自信的感覺，容易獲得客戶的信任。

業務員整體表現出來的就是對自己有信心，連帶的客戶會被你所感染而對你的產品有信心。你要對自家產品有十足的信心與知識，100% 相信自己的產品，熟悉自家的產品也熟悉對手的產品，不論客戶問什麼問題都要對答如流，讓自己成為客戶眼中的產品專家。根據客戶的背景需求有選擇性地向客戶傳遞他們最感興趣、最關注的資訊，不要不分輕重地把所有資訊一股腦兒地全部灌輸給客戶。在與客戶溝通時，還要用客戶聽得懂的語言向客戶介紹，盡量使用通俗易懂的語言，讓不專業的客戶聽懂專業知識。唯有這樣，你才能給客戶留下足以信賴的感覺，使客戶願意聽從你的建議，最後影響客戶的決定。

客戶只有被你的魅力感染，願意相信你、喜歡你，才可能與你合作。所以，請多向客戶展示魅力，讓客戶發現你的優勢，願意與你建立長期的合作關係。

銷售流程中要售的又是什麼？

　　答案是觀念和想法。請想一想，成交後是誰掏錢？客戶為什麼要掏錢呢？那是因為他覺得你的產品或服務的價值超過他所要付出的金錢。那麼，如果你銷售的產品或服務不符合顧客心中的想法，怎麼辦呢？那就改變顧客的觀念，讓顧客的想法或觀念被你說服了！

　　或者，配合顧客的觀念！業務員在將產品特徵轉化為產品益處時，要考慮到客戶的需求，因為只有你的產品益處是客戶所需求的，才能引起客戶的購買欲望。

　　只要潛在顧客的想法和觀念被你說服了，你就成交了。

　　所以，我們要仔細想一想：「你的顧客為什麼要掏錢買你的產品或服務？」答案是因為你的產品或服務有價值，產品的價值大於他所要掏出來的錢，也就是說你的產品／服務的價值大於他所要支付的價錢。顧客為什麼會願意支付 1000 元來買，因為他認為他所能得到或換到的會超過 1000 元，所以，業務員要懂得塑造價值，為你的產品塑造價值，讓客戶認為他會得到超過 1000 元的好處，這樣，他就願意付出 1000 元來換取超過 1000 元價值的東西。iPhone 為什麼一台可以賣二萬多元，那是因為 Apple 知道 iPhone 對客戶的價值還遠遠超

過那個價錢。

顧客重視的是價值與購買商品的理由。所以，價值才能影響客戶決定他「要不要買」，而不是你的這個產品本身有多大的用處、有多麼強大的功能。

那麼，什麼是價值？我大學學的是經濟學，上的第一堂課是經濟學原理，課堂上教授問為什麼空氣、水對人們是那麼重要，卻賣不了什麼錢，而某名牌包卻可以賣八萬、十萬元以上，這就是價值的問題，以及買的人要不要買單，並不是你說這個東西多有用、多好、多重要，只要客戶不認同它的價值，對客戶而言它就不值錢。例如，一瓶水可能在沙漠中價值很高，賣多高的價格，都會有人買單，但是在便利商店三兩步就一間的地區來說價值就很低。

人們買的不是東西，而是他們的期望。小姐、女士們購買化妝品，並不是要購買化妝品本身，而是要購買「變美的希望」。也就是說客戶購買及認定的價值並不是產品或服務本身，而是效用，是產品或服務為他帶來了什麼好處或利益。

顧客不是為了買早餐而買早餐，他們為的是吃飽、享受美味、圖方便便利或是希望吃得營養健康。所以，賣早餐的你就要想你的餐點是要提供給誰？一定要滿足目標客戶的需求，這樣你的早餐對目標客戶而言才有價值。例如，對那些重視養生的中年客戶，只賣油滋滋的美式漢堡就不行。如果你的目標客戶是趕著打卡的上班族，那就要在很快的速度內讓他們得到產品。

　　所以我們要幫助客戶創造這種價值與期待的利益，並把這種價值告訴顧客，說服並讓他認同你的產品價值，這就是你要銷給客戶的觀念或想法。**價值是你給顧客的，而價格則是你向顧客收取的。**當你把焦點聚焦在產品的價值上，除了能強化客戶購買的意願外，還能有效降低價格上的疑慮。

銷售不是賣「產品」，而是賣「願景」

　　產品的實用性、便利性、特色、設計和價格等固然是業務員銷售產品時，應該介紹的重點，但真正最具關鍵性的乃是能否引導客戶描繪出使用該產品所能產生的「願景」，因為客戶所購買的以及他所關注的焦點大部分是價值，而不是價格。他們想購買的是一種價值，一種期待的利益。所以你要讓你的客戶去想像買了這件產品或服務能帶給他什麼樣的好處或利益，讓客戶去想像使用了這個產品之後的改變。因為單靠用心介紹產品的特色仍不足以打動客戶的心，如果想要讓客戶點頭答應，還需要讓客戶產生憧憬與美夢。

　　例如，銷售保險時，讓客戶想像一下，擁有這張保單，二十年後每個月可以領到的錢，可以讓你的退休生活無後顧之憂，想像你和全家人一起出遊的情景，臉上的笑容，心境的開適。所以客戶買的不是一張保單，而是一個不用再為錢煩惱的未來，一個能快樂享受生活的未來。

　　例如，銷售汽車時，讓客戶想像一下擁有這台車之後，你可以載著你的愛人，那種和情人或全家人一起出遊的溫馨畫

面，那種愛的表現，這台車就代表你的格調，代表你的身價，代表你事業的成就，朋友或客戶看到時那種信任和崇拜的眼神。所以客戶買的不是一台車，而是擁有這台車之後的那種幸福快樂和成就感。

例如，銷售房子時，要讓客戶想像擁有這間好房子後，他的生活更便利，夫妻感情更融洽，這個家是你下班後最佳的避風港，甜蜜的堡壘，每天讓你愛上回家，重點是要能讓客戶聯想到住進來之後種種的美好。所以客戶買的不是一間房子，而是一種幸福，一個安定。

使客戶期盼的「夢」栩栩如生地呈現在客戶的眼前，讓客戶聯想到清晰的畫面，因為「夢」的擴大或縮小，往往就是客人取捨的關鍵。

當客戶還沒有得到商品時，他會想像使用商品後的改變。客戶會如何想像？就需要我們去引導了。你給客戶的想像，能讓客戶確認價值，然後你再提出價格，只要價值遠大於價格，客戶就買單了。

買賣過程中買方買的是什麼？

客戶為什麼會買，因為我們給了他一個理由。當你想要成交時，就必須給客戶一個買的理由。你在和他溝通的時候，就是在幫他找理由，告訴他一個他非買不可的理由，當他認同了這個理由，他就會買了。

那麼客戶買的是什麼呢？客戶買的是一種確定的感覺，在銷售過程中你讓客戶感受到的氛圍將影響到他是否決定購買，而業務員你也很有自信、很確定地向客戶表示這是最適合他需求的，最能幫助到他的，那麼客戶就會買了。

試問，一款高檔奢侈品擺在菜市場的地攤上販賣，你會掏錢買嗎？再或者是：該款奢侈品雖然在高檔百貨精品店販售，但銷售服務人員不尊重你，對你的態度很差，你會買嗎？所以，營造好的氛圍與感覺，為顧客找到理由，那成交就不遠了！

給顧客一個買的理由

客戶為什麼會買？因為我們給了他一個理由，一個買的理由，一個夢想！有利益，才會動心，想要順利售出產品，就要讓你的客戶看到實實在在的利益。當客戶還沒有得到商品時，

他會想像使用了這個產品之後的改變。客戶在購買產品前，都會權衡一下產品會給自己帶來什麼好處，如果權衡後，發現自己的付出得不到相對的回饋，就會毫不猶豫地拒絕業務員成交請求。

當你在向客戶介紹產品好處時，首先要提及某種突出特徵，再根據客戶的需求強調這種特徵所形成的價值，並營造一個使用時的想像，讓客戶印象深刻。要注意的是，你要盡可能讓客戶感到自己從中獲得了利益，這樣才能加深他想要「擁有」的感覺。

當你打算購買一些東西時，你是否清楚購買的理由？有些東西也許事先沒想到要買，一旦決定購買時，是不是有一些理由支持你去做這件事。再仔細推敲一下，這些購買的理由正是我們最關心的利益點。

例如鄰居陳媽媽最近換了一輛體積較小的車，省油、價格便宜、方便停車都是這台車的優點，但真正的理由是陳媽媽路邊停車的技術太差，常因停車技術不好而引起不少尷尬與不便，而這種小車，車身較短，能完全解決陳媽媽停車技術差的困擾，就是因為這個利益點，才決定購買的。

因此，業務員可從探討客戶購買產品的理由，找出客戶購買的動機，發現客戶最關心的利益點。

通常我們可從三方面來瞭解一般人購買商品的理由：

➤ **品牌滿足：**整體形象的訴求最能滿足地位顯赫人士的特殊需求。比如，賓士（Benz）汽車滿足了客戶想要突顯自己地

位的需求。針對這些人,銷售時,不妨從此處著手試探潛在
客戶最關心的利益點是否在此。

➤ **服務**:因服務好這個理由而吸引客戶絡繹不絕地進出的商
店、餐館、飯店等比比皆是;售後服務更具有滿足客戶安全
及安心的需求。服務也是找出客戶關心的利益點之一。

➤ **價格**:若客戶對價格非常重視,可向他推薦在價格上能滿足
他的商品,否則只有找出更多的特殊利益,以提升產品的價
值,使之認為值得購買。

以上三方面能幫助你及早探測出客戶關心的利益點,只有
客戶接受銷售的利益點,給他一個買的理由、一個確定的感覺
「就是這個了」,你與客戶才會有進一步的交易。

在業務員的產品能滿足客戶的主要需求後,如果還能有額
外的益處,對客戶來說將會是一個驚喜。你可重新幫客戶定位
他的利益點,提醒客戶這種產品的益處是什麼,而不要等客戶
自己發現。舉一個簡單的例子,夏天時,女性的皮包裡都喜歡
放一把遮陽傘,那麼防紫外線就是客戶的首要利益,如果你的
產品除了能遮陽之外,折疊起來更小巧、更輕便,樣子也更為
美觀,勢必會受到女性客戶的青睞。

 ## 給客戶「確定的感覺」

很多業務員在介紹產品時,只是將產品的特徵一一列舉給
客戶,這樣的做法是無法令客戶對你的產品印象深刻的。你滔

滔不絕地向客戶介紹了一大推產品特徵，但客戶聽完後卻是一臉茫然地說：「那又怎樣？」或「你說這些有什麼用呢？」因此，在介紹產品特徵時，要結合產品益處，明白告訴客戶某種產品會給他帶來什麼樣的好處，這樣客戶才會對你的產品感興趣，進而與自己的需求做連結。

但要注意的是，當你在將產品特徵轉化為產品益處時，要考慮到客戶的需求，只有你的產品益處是客戶想要擁有的，才會引起客戶的購買欲望，讓客戶覺得這就是我要買的，適合我的，可以解決我目前問題的產品；如果產品的益處是客戶不需要的，那麼你的產品再好，客戶也不會購買。其實客戶會猶豫、會抗拒不買，是因為他們害怕、擔心買到價值不足或是不適合，不符合自己需求的產品。而你就是要讓客戶看到實實在在的好處，給他確定的感覺，讓他買了不會後悔。

要想取得好的業績，就要懂得把握銷售節奏，按部就班地與客戶接觸，不要太過急躁，先與客戶做好溝通、逐漸加深客戶對自己的信任，在客戶確定了產品能給他帶來的利益之後，才會考慮是不是要買，所以，顧客購買產品是想要知道這個產品或服務可以為他解決什麼問題。而對業務人員而言，你要做的就是有自信地對客戶展現出「確定的感覺」！然後感染客戶！然後成交！

買賣過程中賣方賣的又是什麼？

　　賣的是解決方案，客戶買的並不是產品本身，而是產品帶來的利益或一個解決方案，或至少能避掉什麼麻煩或痛苦！

　　什麼叫問題的解決，例如，解決食衣住行的問題，買房子解決住的問題，買車子解決行的問題，也就是通常我們有一個需求想要被滿足，或者一個困難想要被解決，就會透過去買某樣的產品或服務，進而解決這個問題。例如，我上班很忙，工作很累，以致於可能沒有時間打掃家裡，那我就會想去購買家事清潔服務來解決我的問題，這就叫問題的解決。

　　所以，客戶若能因購買而滿足其預期的結果（好處或快樂），不但能成交，而且客戶還會跟我們說謝謝！

　　不要再稱你要賣的東西是產品或服務而要說解決方案，所以一名牙科醫生千萬不要說他賣的服務是替人拔牙，而要說是解決你牙疼的方案。從牙科這個例子看出，所有的人，大部分比較重痛苦的免除，比較輕快樂的到來，所謂「避凶」重於「趨吉」是也。以牙科為例，其實牙科醫生在學校受的教育絕大部分不是拔牙，而是口腔衛生，教的是你要怎麼刷牙，如何保養、保健才好。不是牙疼時才找牙醫，而是平常牙齒不疼時

就應該要去洗牙並定期保養，或是去諮詢牙齒要怎麼刷才不會有死角。但是大部分人去看牙醫的目的都是，痛若的消除，因為牙疼才著急地找牙醫，因為牙醫那裡會有解決方案幫忙把牙疼這個痛苦解決掉。

不要推銷，而是協助客戶解決問題

蘋果電腦的零售門市有一個 APPLE 經營客戶法。APPLE 這五個字母中，A 代表 Approach（接觸），用個人化的親切態度接觸客戶；P 代表 Probe（探詢），禮貌地探詢客戶的需求；第二個 P 代表 Present（介紹），介紹一個解決辦法讓客戶今天帶回家；L 代表 Listen（傾聽），傾聽客戶的問題並解決；E 代表 End（結尾），結尾時親切地道別並歡迎再度光臨。蘋果電腦門市銷售人員根據訓練手冊奉行的銷售原則是——不要推銷，而是協助客戶解決問題。

問題解決是什麼？這就像業務員最常接受的訓練，這叫做專業。以理財專員為例，我曾有一次在為理專上課時，有人問我：「老師，我學了那麼多專業、考了很多證照，但並不知道這些能有什麼用處？」

我當時的回答很簡單：「學專業、考證照只有一個目的，就是能更有效正確地幫客戶解決問題，因為若客戶有任何投資理財方面的問題，你所學的就能派上用場，就能主動幫忙解決。」

比方說，你是做傳銷的，你能解決客戶什麼問題呢？答案

是收入不夠多的問題。如何解決呢，一個是多元收入，一個是被動收入。多元收入是你本來就有一份穩定的收入，另外再找幾份別的收入。被動式收入是指，一旦建置好了，就連睡覺時都會有收入，連出國旅遊時也會有收入，這叫問題的解決。

　　世界潛能激勵大師安東尼・羅賓說：「一個人所做的決定，不是追求快樂，就是逃離痛苦。」這個觀念可運用在銷售上。

　　追求快樂是指客戶購買我的商品有什麼好處和價值，所以你要給客戶好處，讓客戶願意追求快樂；逃離痛苦是指購買我的商品可解決客戶某方面的痛苦。所以你要提醒客戶的痛苦，在傷口上灑鹽，因為人習慣花錢止痛，人也只有在非常痛苦的情況下，才會願意改變。而你提供的解決方案就是要能夠幫助客戶逃離痛苦、追求快樂。就能刺激他們想要擁有，想要立刻買下。

　　一般業務員都只會跟客戶說購買我的產品有什麼好處，說得又多又好，但是很可惜並沒有說出不購買我的產品會有什麼樣的損失和遺憾。這往往就是客戶為何無法立即做決定的關鍵點，因為現在買和以後再買對我而言似乎差別不大，最多只是價格差異罷了。

　　你要先給客戶痛苦，再給客戶快樂。這順序很重要。因為如果先給客戶快樂，再給痛苦的話，那種層次落差感根本出不來，在銷售力道上就會差那麼一點。

　　所以你一開始要先給客戶一點痛苦，再給一點快樂，再擴大痛苦，再擴大快樂，再給客戶更大的痛苦，再給客戶更大

的快樂，就這樣將逃離痛苦和追求快樂交叉運用，直到成交為止。

愉快的感覺

任何的銷售拆解開來，就是在賣兩件事。第一件事情，叫做「問題的解決」；第二件事情，叫做「愉快的感覺」，也就是說光解決問題還不夠，你還要能塑造愉快的感覺。以下先分享兩個我自己的親身經歷。

我走進一家服飾店，店員充滿熱情地上前招呼，滿臉笑意地問：「先生！請問要找什麼嗎？」

「喔！我隨便看看！」我回答。

「好的！如果有任何需要可以叫我，看到有喜歡的可以試穿，不買也沒有關係。」店員親切地回應。然後就站在一旁，並不打擾我的挑選。

過了五分鐘，我說：「請幫我找找有沒有比這件大一號的尺寸？」我後來試穿後覺得很滿意就買了。

臨走前，我主動對店員說：「本來我不打算現在就買，但因為妳那句話『不買也沒有關係』，讓我動心決定現在買。」

我想大家也都常會碰到店員不是過份熱情，就是在旁邊說了一些會讓你有壓力的話，使得原本有意購買，後來沒了興致，沒買就離開了，不知有多少店家每天都在損失客戶而不自知，既然有客人走進你的店，就有機會成為你的客戶，所以你要營造一種輕鬆愉快的購物環境，才能留住客戶，並轉介紹更

多的客戶。因為人都不喜歡被推銷的感覺，但卻喜歡買東西，所以，你要讓你的客人買得愉快，別讓客人有壓力，有被推銷的感覺，否則你的客戶就會變成競爭對手的客戶了。

有一次我和朋友去一家餐廳吃飯，前餐有附麵包，那麵包一上桌還是熱騰騰的，吃起來軟中帶勁，真是我所吃過最好吃的麵包，後來我向服務生再要了二塊，服務生送來時說：「老闆說這麵包本來兩個要四十元，但今天老闆請客所以免費！」或許這只是一個謊言，但聽起來真舒服，真開心，覺得老闆人真好，下次還會想再來這家餐廳。就因為服務生的一句話，留住了一群客人。這就是愉快的消費氛圍。一次愉快的消費體驗很有可能為你帶來無數次的重複消費甚至帶來更多的顧客。

買東西買的就是一種感覺，就是很多時候，明明覺得好像這個東西也不缺，或者目前沒有這個需求，為什麼還是掏錢買了？

最常見的狀況就是百貨公司的週年慶，有的人會列出清單打算就只買清單上的東西，但離開的時候，通常會另外多買很多東西。像我有一年去百貨公司週年慶，就列了要買的襯衫、外套，依據清單買完總共 8200 多元，但因為百貨公司在做活動滿 5000 元送 500 元，所以就想著要不要湊一萬？結果湊一湊就消費了 12800 多元，這時我又在想「要不要繼續湊？」結果最後我總共買了 25000 多元。對我來說，原本那八千多元的產品，是「問題的解決」，後面再多買的，其實就是「愉快的感覺」。

愉快感覺是氛圍。那氛圍來自於什麼？因為氛圍很抽象，如果用 NLP 神經語言學的概念來講，氛圍是一個五感經驗。五種感官經驗包括視覺、聽覺、味覺、觸覺、嗅覺，看到什麼、聽到什麼、聞起來什麼味道、嚐起來什麼味道，觸摸起來什麼感覺，這些就是五感體驗。

NLP 神經語言學指出我們人有不同的傾向。每個人注重的感覺是不一樣的。有人是視覺型的，有人是聽覺型的，有人是感覺型、觸覺型的，因為一樣米養百樣人，如果你知道你的潛在客戶特別注重哪個感官的話，你就從那個感官去加強，你就更容易成交。所以，業務員就要針對不同型的人做不同的強調，面對視覺型的人，你就要讓他看到產品的實品，唯有看到他才能感覺到。所以你在跟一個人交談之後才能了解他是哪一型的人，通常都不是均衡的人，都會偏重某一方面。所以你要對不同人採取不一樣的舉動與對待。例如，對感覺型的或觸覺型的人，你的擁抱，拍拍對方的肩膀，握手都非常重要。可是對聽覺型的人，就毫不重要，若是聽不到聲音他就不會有感覺。這就叫做五感銷售。

很多時候，當我們在講銷售的時候，為什麼很多人重視五感銷售？這對商店來說更是如此。以星巴克為例，為什麼大家都喜歡去星巴克喝咖啡？許多人的回答是「感覺很好」。事實上如果用白話一點講，就是五感經驗加起來很好，視覺燈光裝潢看起來很喜歡，音樂聽起來很舒服，空氣中聞得到咖啡香，觸覺是星巴克的椅子坐起來很輕鬆，最後才是味覺，喝到咖啡

的味道很滿足，這五個感官加在一起就是所謂的體驗，然後體驗內化為經驗。

愉快的感覺除了是現場氛圍的營造之外，現場銷售人員的訓練也很重要。如果百貨公司只訓練它的櫃台小姐產品知識及使用功能，那就錯了。不是說產品知識不重要，而是還要培訓她們如何帶給客戶愉快的感覺。你會發現一些賣場如大潤發，家樂福它們發的傳單上面的商品真的超便宜的。因為它要利用便宜的優惠來吸引你去消費。當消費者親臨賣場時，他們就要設法營造出購買的氛圍（對消費者而言就是愉快的感覺）例如，我中和辦公室的對面是 Costco，有時為了方便我就把車停在那裡，時不時會收到商品促銷傳單而被吸引上去逛逛和試吃，而它的試吃通常都很大份，不小氣，在試吃愉快的氣氛下我就買了，然後推車很大，我買的東西看起來太少了！於是就再多買一些，但這完全不在我的預期之內，這就是愉快的感覺，其實就是購買的感覺。

 ## 「問題解決」與「愉快感覺」哪一個重要？

我常在課程當中問學員一個問題：「問題解決」跟「愉快感覺」這兩件事情，哪一個比較重要？許多人的回答是愉快感覺比較重要，但事實上，我不得不說，愉快的感覺與問題的解決對業務員來說同等重要。但是記住不能本末倒置，有很多人上了一些大師的成交課後，覺得產品知識不重要，錯了，產品知識還是很重要，因為那是業務員的基本功，是一定要會的，

也是你專業的呈現，你若不懂，如何能賣給客戶呢？如果你賣保險不懂保險，賣車子不懂車子，那麼你賣啥呢？你當然要懂，不管賣什麼你一定要讓自己對那一領域瞭若指掌，這是最基本的。所以，在問題的解決上，如果業務員沒有專業知識，光只讓客戶感覺很愉快，儘管客戶再愉快，但是問業務問題一問三不知，專業度不夠，自然就不可能成交了。

緊接著，你要設法去營造愉快的感覺，要去了解你的潛在客戶的問題在哪裡，並幫助他解決，在這個過程當中營造出愉快的感覺，那你就成交了。這就是成交的秘訣，所以你提供的產品或服務就叫做問題的解決方案。找出顧客的問題並協助他解決，若顧客問題很小呢，你就在傷口上灑鹽，讓他認為這個問題比他想像中的還大，這樣你的問題解決方案才會適配他的這個問題。你的解決方案才能順理成章地賣給他，然後在愉快的氛圍下，成交自然是順理成章了。

與客戶爭執，你就徹底輸了

　　不管客戶如何批評，永遠不要與之爭辯，有句話說得好：「占爭論的便宜越多，吃銷售的虧就越大。」與客戶爭辯，失利的永遠是業務員自己。

　　資深的業務員，都明白即使客戶是錯的，也絕對不會跟客戶爭執，反而會有技巧地和客戶溝通，讓客戶很有面子。

　　成功學大師卡耐基（Andrew Carnegie）曾經說過：「你贏不了爭論。要是輸了，當然你就輸了；如果贏了，你還是輸了。」做銷售就是如此，對業務員來說，失去客戶就等於失去一切，與客戶爭論就像是拆自己的台，不僅令客戶反感，也有損個人和公司形象。務必要記住：與客戶爭論，吃虧的永遠是業務員。在與客戶交談時，無論面對什麼樣的情況，都要耐心對待，切不可意氣用事，與客戶發生衝突。

　　一名身穿名牌西裝，但臉上一點笑容也沒有，顯然不是好應付的客戶，走進了一國產汽車商場。他一開口，就很不客氣地說：「不用花費心思招呼我，我只是隨便看看罷了。因為我已經決定要買進口車了，絕不會買你們這種國產車！」

　　「為什麼呢？」

　　不問還好，這麼一問，男子就開始數落國產車的不是，而

且話越說越難聽。

接待他的業務員感覺自己受到侮辱，眼看脾氣就要爆發了！這時一名資深老鳥立即跳出來接手這名客戶。

約莫一小時之後，客戶離開了，資深老鳥也回到了辦公室。

剛才那名業務員還氣憤未平地說：「剛剛那個傢伙，真的很難搞吧？」

「是很難搞沒錯。」老鳥業務員接著說：「不過，他剛才跟我買了一輛車。」

業務員吃驚地問：「這怎麼可能？你是怎麼做到的？」

「很簡單！當他開始批評我們生產的汽車，我就順著他的話，說『沒錯，您說得很有道理』。」

「但他說的明明不是事實，你怎麼不反駁，還表示贊同，這究竟是為什麼？」

「因為只要我順著他的話，就可以堵住他批評的嘴。」

老鳥接著說：「然後，他才能夠安靜地聽我介紹我們車子的優點，我也才有機會說服他購買我們的汽車！」

業務員聽了，大感佩服但又忍不住問：「可是，看到他那麼囂張的模樣，難道你都不會生氣嗎？」

「我當然會生氣。」老鳥業務說：「面對這樣的顧客，我有兩個選擇：第一個選擇，是狠狠地罵他一頓，但是我什麼都不會得到；第二個選擇，是我嚥下這口氣，然後賣他一輛車！」

 平衡式話術

無論客戶的意見是對是錯、是深刻還是幼稚，業務員都不能忽視或輕視，要尊重客戶的意見，講話時面帶微笑、正視客戶，客戶說的，你都要先表示認同，忌反駁。此時的 SOP 標準步驟是：

1. 微笑認同：你這個問題問得非常好
2. 反問：請問您是覺得哪裡不合適？
3. 再提出你的解釋＋說明

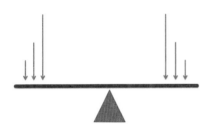

平衡式話術，絕對成交。

第一步：微笑認同

客戶不管說什麼，你都要表示「對，有道理」千萬不要反駁，說不對。但是，即使客戶說「你的產品不好」你也要說：「對，我的產品很不好」嗎？

這裡指的說：「對」……不是真的說對，而是指表示認同，不管客戶說什麼就一定要先認同，一般人的錯誤是急著解釋，比方客戶說：「你的產品很爛」，你立即反駁說：「怎麼會，是你錯了，我們的產品是多好……多好……」這樣成交的機率

就渺茫了。建議你不要急著駁斥，而是要表示認同，不管客戶說什麼都要表示認同。如果情況不容許你說對或表示認同時，你可以說：「你這個問題問得非常好」以表示你的認同。

第二步：反問

就是要順著他的話問他一個問題。比方說，客戶對你說：「傳銷很不好耶」那麼你的第一步認同，就要說：「這個問題問得太好了，很多人都這樣認為」，第二步是反問，你可以說：「請問你認為傳銷哪裡不好呢？」

第三步：才進入解釋和說明

一定要有前面兩步認同、反問做緩衝，很多人都是急著辯解補充，最後成交就因此而破局了，比方說有人說：「我不適合做傳銷……」你卻急著說：「不不不，你很適合，你天生就適合，你就是做傳銷的料。」最後通常成交不了。所以一定要先表示認同再反問，反問說：「那你覺得你哪裡不適合做傳銷呢？」對方可能會回答說：「我口才很差，……」等等說一堆原因。然後在你知道了這些原因之後，心裡有譜了，你再來做解釋和說明，就能比較能發揮效益。

例如，客戶問你：「這是傳銷嗎？」笨蛋才會回答是，因為對方一聽是傳銷，很多都是轉身就走。若是說不是，那對方可能會說什麼：「不是啊……那就算了。」明白了嗎？人分兩種，一種是喜歡，一種是不喜歡，我們怎麼能先假設對方是喜

歡還是不喜歡呢？所以最保險的做法就是先認同再反問，從反問當中你就會知道對方是喜歡傳銷還是不喜歡傳銷？那你第三步的說明和解釋就解決了，所以如果你一開始就說明解釋，就會不平衡。

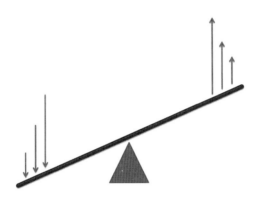

不平衡話術，雙方沒有在同一軌道上，沒有一致性。

　　永遠不要說客戶錯了，也不要說「但是、可是」，你可以這樣說：「我非常同意（尊重）您的意見，但同時……（能讓客戶樂於接受意見）」先表示對客戶異議的同情、理解，或是簡單地重複客戶的問題，使客戶心裡有暫時的平衡，然後轉移話題，對客戶的異議進行反駁處理。因此一般來說，間接處理法不會直接冒犯客戶，能保持較良好的銷售氣氛；而重複客戶異議並表示認同的過程，又給了業務員一個躲閃的機會，使業務員有時間進行思考和分析，判斷客戶異議的性質與根源。間接處理法能讓客戶感到被尊重、被承認、被理解，雖然異議被

否定了，但在情感與想法上是可以接受的。用間接處理法處理客戶異議，比反駁法委婉些、誠懇些，所收到的效果也較好。

利用客戶異議正確的、積極的一面，去化解客戶異議錯誤的、消極的一面，就可變障礙為信號，促進成交。比如：

客戶：「價格怎麼又漲了。」

業務員：「是的，價格是漲了，而且以後勢必還會再漲，現在不進貨，以後損失更多。」

這是對中間商而言，如果對最終消費客戶就該說：「以後只會漲不會跌，再不買，就虧更多了！」

你還可以根據事實和理由，間接否定客戶意見。比如客戶說店員介紹的服飾顏色過時了，店員不妨這樣回答：「小姐，您的記憶力真好，這顏色前幾年前已經流行過了。不過服裝流行是會循環的，像是今年秋冬又會開始流行這種顏色，現在買正划算呢！」

「永遠不要跟客戶發生爭執」，這是每一位業務員在服務客戶時應謹記在心的一句話。因為我們還未曾聽聞能在跟客戶爭執中獲益的事。跟客戶論出一個是非曲直對增加業績和利潤並沒有什麼幫助。客戶永遠是對的！這是每一位業務員都要牢記的。

把說話主動權讓給客戶

當客戶對產品或服務有意見時，業務員切不可一味長篇大論地解釋，或直接打斷客戶的異議，否則就是火上加油，使客

戶變得更加急躁。那麼，應該怎樣做才最合適呢？

在這種情況下，應該把說話權交給客戶，給客戶表達不滿的機會，讓他盡情地發牢騷。在與客戶洽談的過程中，難免有需要說服客戶，或是觀念不同的時候，千萬不要與客戶爭執，你只要反問客戶問題，點出客戶的盲點，讓他在回答問題時，再次思考即可。這樣做既能撫平客戶不愉快的情緒，又能給自己一個傾聽客戶異議、判斷客戶真實需求的契機，是處理客戶異議一舉兩得的好方法。

與客戶的意見相左時，有的業務員往往沉不住氣，會和客戶爭論，我們在前文中已強調過，與客戶爭辯，即使贏了也是輸。業務員要知道，自己的最終目的是要銷售產品，而不是要與客戶分出高下，因此，業務員要懂得向客戶「示弱」，讓客戶在「我比你強」的情緒中放鬆警惕，爭取訂單。

業務員遇到與客戶意見相左時，會想為了證明自己是對的而選擇和客戶爭執，好像自己要是錯了，客戶就會認為自己的程度不夠、專業不足或是產品不行，只有爭贏了，客戶才會買單，但事實正好相反，不論你是對是錯，只要你與客戶爭執，這筆生意恐怕就此飛了。

任何場合下，你都要讓客戶感覺他是受到尊重的，這是成交的關鍵。爭執非但無法解決問題，反而會擴大問題，因此，你要學會有選擇性地傾聽客戶的異議，運用語言技巧，消除彼此間劍拔弩張的緊張氣氛。

銷售就是一場業務員與客戶的爭奪戰，你要想取得戰爭的

勝利，就要讓客戶看起來是自己贏了，主動示弱，也就是讓客戶覺得自己贏了，但客戶只是贏了面子，你卻贏了裡子（成交）。

傑佛瑞・吉特默有句名言：「總而言之，只有一個觀點是重要的，只有一個看法是重要的，只有一種感受是重要的，那就是客戶至上。」

也就是說，不管遇到什麼情況，都不能激怒客戶，哪怕一切都是客戶的錯，你也要時刻顯示對客戶的尊重，要以寬容的態度化解自己和客戶的矛盾，先安撫客戶的心情，然後再尋找解決問題的方法。

用開放式問句還是要用封閉式問句呢？

前面提到最簡單的認同就是微笑點頭說：「你提出的這個問題很好。」然後再反問。而所有的問句又分為兩種，一種是封閉式問句，一種是開放式問句。封閉式問句是，對方只有兩種選擇，「好不好」、「對不對」、「是不是」、「要不要」、「行不行」、「你要白色的還是銀色」等二選一問句或三選一問句……。

開放式問句就像是，「可否分享呢？」、「談一談吧！」、「是誰呢？」、「然後呢？」、「為何如此呢？」、「何時何地發生的？」、「細節如何呢？」、「什麼？」……等。

那麼，請問在成交的過程當中，與客戶的對談是要用開放式的問句還是要用封閉式的問句呢？答案是要看情況，大致

來說你在了解客戶階段和「成交」八字還沒一撇時，你要用開放式問句。可是已經接近要成交了，你就要用封閉式問句，以免再節外生枝。你對客戶根本還不了解，你們可能才初次見面，初次見面還談不到銷售，談不到成交，這個時候當然是用要開放式的問句，可是在你漸漸地和客戶熟悉起來，快要締結成交，馬上就要簽約了，就要用封閉式問句直接鎖定他到底要什麼？所以是要看目前處在哪個階段再來決定是要用哪一種問句。

買方的心理 V.S. 賣方行動

　　接下來要和大家談的是以下這張圖的內容，這是我這近幾年不遠千里赴中國、美國上了不少銷售高級班、成交班，向中外各銷售冠軍如喬・吉拉德、喬丹・貝爾福特學習成交的心得，並融合多年的實戰驗證確實有效的精華，可以說一張圖就價值美金 10 萬元以上！

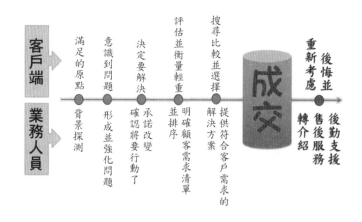

　　要想成功拿到訂單，業務員從和客戶見面開始，一切的銷售行動都是跟著客戶心理的變化去做調整，銷售的過程其實就是銷售員與客戶心理博弈的過程。業務員要根據客戶的心理變化調整自己的行動與銷售方案。針對客戶在銷售過程中每一心

理階段的變化，來調整自己的行動，才能成功接單。接下來我就用這張圖來說明——線的上方是消費者端的心路歷程，線的下方是業務員要在這時期該做的事。

 ## 客戶是否滿足現況

業務員一開始和客戶接觸時，不是一見面就介紹產品，而是要先去了解客戶在想什麼，**要做背景探測**，觀察客戶是否處於滿足的原點。什麼是滿足的原點，例如你剛剛買了一部車，剛買了房子都是處於滿足的原點，因為剛換車自然不會想買新車，剛換房子暫時也不會想買新房子。

所以，我們必須先瞭解客戶究竟對現狀有什麼不滿或想改善之處，而對於這個問題他曾經用了哪些方式嘗試著去解決，解決的狀況又是如何，他對於過去嘗試過的這些解決方式，又有什麼樣的不滿意或不滿足。

一般來說，客戶不太喜歡輕易說出自己對產品的真正需求，尤其是面對陌生的業務員時，更是懷有戒心。不僅如此，有時候客戶越是有意購買，為了爭取更多優惠，越會隱藏自己的想法。為了與客戶順利走到成交這一步，就要先去瞭解和發現客戶的根本需求，這時建議使用開放式問句去做需求測探，如：「不知您比較欣賞哪種款式的產品？」「你對目前使用的產品滿意度如何？」這樣較開放式的問法，可以讓客戶根據自己的意願回答，往往能使客戶說出更多內心的想法，引導客戶說出他們不願意說的話，循序漸進地透過提問來控制洽談的節

奏，並且想辦法滿足客戶的心理，才會有成交的可能。

　　機械加工製造廠的業務員小詹去拜訪一位客戶。

　　小詹：「王先生，您好！我是××公司的業務員小詹，真是恭喜您呀！」

　　客戶：「恭喜我？恭喜我什麼呢？」

　　小詹：「我今天在報紙上看到一篇報導。報上說貴公司的產品在業界有很大的市場佔有率。像貴公司這樣的龍頭企業當然值得祝賀了！」

　　客戶：「也多虧國家政策的扶植和 VC 資金的投入了。」

　　小詹：「那麼在市場佔有率的高成長之下，公司的壓力應該不小吧？」

　　客戶：「是啊，研發部門的人整天叫著忙，就連生產部門的主管也抱怨人手不夠。」

　　小詹：「看來這不僅是一個機遇，更是一次挑戰呀！那貴公司在網站上的徵人廣告是否就是為了解決生產吃緊的問題呢？」

　　客戶：「當然，否則忙不過來。」

　　小詹：「確實，一般現在市場上的行業人均製造效率是 5 台／人，那麼貴公司應該高一點吧？」

　　客戶：「沒有，我們設備比較老舊，效率一直拉不上來。」

　　小詹：「哦，那貴公司希望在原來基礎上再提高 25% 的效率嗎？」

客戶：「那是當然，誰不希望？」……

就這樣，小詹不知不覺就把問題引向了自己公司的設備上，最後客戶決定先購買一小批設備進行試用。

發現了嗎？業務員小詹並不是用「說」來與客戶進行溝通，而是用「問」成功地突破了客戶的心房。這一系列極具邏輯性的問題引導了客戶的思路，讓對方愉快地參與到雙方的溝通之中。接下來，小詹再循循善誘推出公司的產品，那麼客戶定會感覺到小詹就是為了解決自己的問題、是替自己著想而來的，那麼欣然買下產品自然是理所當然的事情。

在與客戶初次見面時，為了營造愉快的談話氣氛，你需要針對客戶感覺比較舒服的內容進行提問，使客戶願意主動傳遞相關資訊。例如，在與客戶初次交談時你可以向客戶提問：「您現在使用的產品有什麼地方讓您覺得滿意？哪裡不符合您的要求？您希望買到什麼樣的產品？」就是要讓客戶多表達自己的意見，然後從客戶的回答和意見中捕捉對自己有利的資訊，分析客戶的需求，逐步掌握客戶真正關心或在意的部分，進而從客戶關心的話題展開攻勢。

在這個階段還不宜馬上把話題引到銷售的細節上，而是從客戶熟悉並願意回答的問題入手，比如問客戶：「您對產品有哪些具體要求？」、「您所滿意的產品都具備哪些特徵呢？」先向客戶提一些較容易接受的問題，邊問邊分析其反應，從客戶的回答中找出其背景與需求，再一步步引導客戶進入正題。

客戶在說話時，往往會提到自己心中最理想的產品是什麼樣子的，如果業務員能留心並記下客戶的需求，設法滿足客戶的需求，就能從中發現無限商機。

向客戶提問的目的就是要瞭解客戶的購買心理，唯有知道客戶需要怎樣的產品，才能展開下一步的銷售活動。而想要讓客戶的需求轉化為購買產品的強烈欲望，還要注意向客戶提問的頻率，儘量保持提問的連續性。

客戶只有在連續被提問的過程中，對需求的緊迫感才會持續增強，讓他跟著你的節奏走向成交。

客戶意識到問題

隨著時間的過去，不管是買車子、買房子⋯⋯客戶都會漸漸意識到問題，而房子或車子時間久了難免就會發生一些問題或狀況，只是問題大和問題小的差別，於是就會想去解決，這就是客戶意識到問題了。

客戶意識到的問題，**業務員要形成問題並強化問題**，也就是在傷口上灑鹽，不管什麼問題，你要在談話中暗示或明示他問題很嚴重，進而和他討論，如果可以改善這個現狀，對他來說，會帶來什麼樣的效益。但另一方面，如果這個問題不解決，未來是否可能產生更為嚴重的影響和後果。強化他的痛苦，讓客戶決定要解決。

唯有先讓客戶認識到問題（或機會），瞭解期望與現實的落差所在，同時清楚了問題的嚴重程度，他才會知道究竟解決

這個問題的「價值」有多大。而當客戶的「價值」想像越美好，客戶的「購買」動力也才會越強。

但如果一開始就把產品資訊提供給客戶，焦點就從客戶轉移到自己的身上，客戶無法對產品或服務的價值有準確的瞭解，乃至於我們在過程中可能會過度強調客戶所不在意的重點，而這樣客戶就有「被推銷」的感覺，這樣要成交就難了。

客戶決定要解決

當客戶決定要解決了，業務員就要確定客戶要行動了，**讓他承諾現在確定要改變了**，再次確認他的問題，並詢問他是否還有其他要注意的事。

與客戶溝通時，最好是多發問，然後傾聽，用問問題的方式引導他們談話，因為發問才能掌握主導權。如果客戶不停地向你提問，那麼你要盡快地利用反問及時扭轉自己被動的局面，不能只是做一些簡單的回答，而是要不斷反問客戶一些問題。如：客戶問：「你們的產品有效果嗎？」你可以反問：「你認為什麼樣的效果對你最重要呢？」

當客戶在你的鼓勵之後說出了自己的想法或問題時，你就要重複你所聽到的，瞭解並確認客戶和自己相互認同的部分，讓客戶承諾現在確定要改變了，並再次確認他的問題，問他是否還有其他要注意的事。這樣做可確保你的客戶是否明白他的問題之所在與需求，而你也能再一次評估你的產品能否給客戶帶來利益，在反覆確認過後，業務員才能向客戶銷售自己的產

品。

 ## 客戶評估並衡量輕重

當客戶決定要解決問題後，就會評估並衡量輕重。比方說，如果你是顧客當你決定要換房子時，就會開始想你要換什麼樣的房子，你考量的優先次序是什麼？你是一定要住台北市還是郊區也可以，是首重學區呢還是距離上班地點近的呢，是要環境清幽呢？還是要生活機能健全……等，各種條件要你去評估並衡量輕重。

當客戶在評估或衡量問題的輕重時，**業務員要明確客戶的需求清單並排序**，排序就是排列優先次序。這時要用心傾聽客戶的話，明確客戶的想法和需求及這些需求的優先順序。這樣你才能準確地選擇適合客戶特點的銷售策略，向客戶推薦最適合他們的產品。

每一件事都有它的排序，如果你是房仲員，當你的客戶說他買房子要找高機能性，有捷運有商圈的，你就要推薦給他機能性健全的房子，每個人考慮的點不一樣，有的人在意價格，有的人要求地段好，你要投其所好，才有成交的機會。例如，有的客戶最注重價格，因此超級業務員喬‧吉拉德就曾針對這點提出買貴退差價的方案，也就是說一輛車賣三萬美金，但如果有人賣二萬九千美元，喬‧吉拉德會無條件退一千美元給他的客戶，有的客戶很重視售後服務，喬‧吉拉德針對這點的做法是，他每個月會請維修部門的人吃飯，所以只要是喬‧吉拉

德客戶的車子回廠保養或維修，維修人員就會特別用心服務得又快又好。

　　只有讓客戶說出明確的需求之後，業務員才能進入下一個步驟推薦解決方案，進行產品簡報，重點就在於將「產品功能」與「客戶需求」產生直接的關聯，這些關聯越深越明顯，案子成交的機率就越高。

客戶搜尋比較並選擇

　　當客戶在搜尋比較並選擇可能的產品與服務方案的時候，業務員就要**提供符合客戶需求的解決方案**。而你要提供給他的解決方案要馬上包裝成正好可以解決他的問題之方案，因為一個問題本來就有各個面向，一個產品或服務也有各個面向，那你這個面向就要呈現給他或包裝好能解決他現存問題的方案。給客戶他想要的，讓客戶就是要來找你買。

　　接下來，就讓我們來看看業務員如何才能把客戶需求和產品優點結合起來，打造成一個適合客戶的解決方案，一擊中的說到客戶心坎裡呢？

　　很多業務員在向客戶介紹產品時，喜歡把產品所有的特點和優勢全部都說出來，以為產品的優點越多越能被客戶接受，然而事實並非如此。客戶購買產品的欲望在很大程度上受自己偏好的影響，他們只有對產品有興趣之後才會關注產品，再決定是否購買。業務員那種關於產品優點的長篇大論，只會令客戶「不想再聽下去了」，不僅浪費業務員時間，還影響客戶情

緒，讓客戶厭煩。所以，要從客戶的關注點出發，讓客戶願意聽，產品的「好」才可能被客戶接受。

業務員對產品的解說應該圍繞客戶感興趣的方向展開，要將客戶最關注的資訊最先傳遞給客戶，重點描述產品可以滿足客戶需求的特性。如果客戶購買產品是為了讓工作、生活更方便，你就要重點描述產品的功能；如果客戶更看重產品對品味、身分等特徵的體現，業務員應該從產品的品牌和品質、產品的象徵意義和產品的外觀等幾個方面進行介紹，這時就可以接著問：「您現在覺得這產品如何呢？」從客戶的回答中去瞭解他們的真正想法。當顧客進一步表示有興趣，並猶豫不決該購買哪一款商品時或詢問某項產品的功能或價格時，就表示顧客已經有意購買。

業務員千萬不要只顧眼前，短視近利，推薦利潤高卻不適合客戶的熱銷產品，而要結合客戶的需求和特點，向客戶推薦對他而言最有價值意義的產品，這樣客戶才能買得放心，用得舒心，並把自己的感受分享給身邊的人，替你轉介紹更多客源。

宏泰人壽處經理陳淑芬就是堅持「把客戶的權益視為自己的權益」，光靠老客戶介紹客戶的口碑行銷，就讓她打敗金融海嘯。因為她把客戶的權益當作自己的權益來看待，所以她堅持不銷售投資型保單。這是各保險公司前幾年力推的主力商品，但就算客戶要求要買，她仍婉拒，她的想法是——投資賺錢，客戶們比我更懂，不需要我為他們費心。

所以，若客戶在意價格，你就保證最低價，日後發現買貴了退他差價也無妨，因為賠本的生意不會有人做，對手賣的價格也肯定是有利潤的，只是賺比較少，所以你也不致於太虧。讓客戶當場跟你買，既然有了合適的解決方案就要鼓吹他現在買，客戶說沒錢，你可以幫他辦貸款、辦分期，就是打鐵要趁熱，爭取立刻就能成交。

客戶後悔並重新考慮

成交之後，客戶可能會後悔太早買、買貴了，並重新考慮，**這個時候業務員需要的是後勤支援或售後服務**，售後服務做得好，用後勤支援去解決客戶的後悔。客戶的滿意需要你堅持不間斷地服務以消除客戶不滿意因素，以超越客戶期望來服務他們。如果沒有良好的服務，一旦競爭對手出現，顧客就會毫不猶豫地捨你而去。

客戶需要的不再僅僅是產品而已，產品加上服務才能為客戶產生價值，這才是客戶真正需要的、在意的。真正精明的用戶不會只關心價格，你還要用周到貼心的售後服務，讓客戶有「加值」的感受，讓他從你的服務中獲得快樂，還會為你帶來額外的收穫。如果你的服務能做到競爭對手怎麼努力都做不到的門檻，自然而然，你的顧客就會變成忠誠顧客。

業務員一定要對自己的工作、產品負責，不推卸責任，將服務進行到最後，讓客戶把這種貼心和周到的感覺記在心裡，這樣他才願意真心與你做朋友，幫你宣傳產品。據中泰人壽總

經理林元輝的觀察，保險業務員只要經營十個「家庭客戶」就夠了。他說只要能夠得到這些客戶完全的信任，再靠樹枝狀的人脈轉介紹，生意就做不完了。

　　只要你能提供客戶滿意的服務，你就會得到其轉介紹的機會。對於許多老練的業務員來說，被老客戶推薦的新客戶是新生意的最重要來源。任何生意只有透過轉介紹才是最偉大的客戶來源，因為開發新客戶的成本實在太高了，如果舊客戶能為你轉介紹，那你就成功了。以我的王道增智會來說，這一點我是成功的，因為很少有人會莫名其妙看了廣告就找來說要加入王道增智會，新入會者都是經由會員介紹帶朋友加入，幾乎很少是由公司同仁去陌生開發而加入的。

成交就是一步一步引導客戶說 YES 的過程！

成交就是一步一步引導客戶說 YES 的過程！你就是要 step by step 去取得客戶對你的承諾，以下這四個 YES 是關鍵——

1. 客戶願意改變
2. 同意你的解決方案
3. 同意跟你買
4. 同意立刻現在買

 ## 第一個 YES 是：客戶願意改變

比方說你是賣車的，客戶必須要同意買車或換車你才有機會。顧客的行為受兩種因素的影響，追求快樂和逃避痛苦。所以潛在客戶的問題可能是車子太老舊了，車子不夠氣派無法彰顯客戶的身份，或者是這車子底盤太低了，而客戶平時閒暇時喜歡去戶外郊遊、露營、登山就不太合適。所以你在背景深測、需求探詢的階段就要積極找出個客戶的問題點、他的痛點，試著用「痛苦感」來刺激客戶的購買欲望，而業務員是賣車的，自然能找到各種不同的車來解決客戶的問題需求。某種程度上

而言，業務員的角色與醫生或顧問頗為近似，同樣是透過提出精準的問題，加上敏銳細微的觀察力，才能切中要害，贏得客戶的信任。

 ### 第二個 YES 是：客戶同意你的解決方案

例如客戶覺得車子不夠氣派，覺得開原本這款車出門不夠有面子。所以客戶會為了這個考量而換車，賣車的業務員就要抓緊時機推薦，我手中有一輛非常棒，價格也絕對會讓你感覺超值且品牌高檔夠面子。這樣不就能引起他的興趣了嗎？

 ### 第三個 YES 是：客戶同意向你買

很多情況是，業務員解釋說明了他的解決方案了半天，說得口沫橫飛，而客戶也同意了你為他設計的解決方案，但最後卻是向別人買。所以，你一定要取得他對你的承諾：向你買。

 ### 第四個 YES 是：客戶同意現在買

很多客戶聽完業務員的介紹後常會說，再等等，再看看吧，就是沒有立刻說要買的決心。

但是要讓你的客戶說出這四個 YES 其實都不簡單，尤其是高單價產品。最難的永遠是第一個 YES ！所以你要先有個誘餌，免費就是最好的魚餌。魚餌正代表著第一個 YES ！就像之前我的合作夥伴威廉老師幫我辦了個 2 ～ 3 小時眾籌的

課程，是免費的，這個就是魚餌。

很多人上培訓課程都很失望，失望的是每個老師課上到最後就是銷講，其實這很正常，因為他如果不銷講，為什麼要讓你免費聽課呢？所以，所有的免費課一定有銷講，不管長期的還是短期的。為什麼免費？因為免費就是魚餌，老師開課還必須租場地，有的還供應飲料甚至是餐點。他總有一個最後的目的，那就是希望你參加付費的課程。所以免費的好東西就是最好的魚餌！免費正是促成未來交易之最大的力量。

最棒的魚餌是 100% 保證滿意方案

當商品售價越高，潛在顧客的抗拒就越大！因為消費者總是擔心當真正買下產品或服務後，並不能解決自己的問題，害怕廠商或業務員誇大不實，令自己受騙或後悔。總之，就是不信任商家！

此時，可用 100% 保證滿意，不滿意可無條件退費專案來解決客戶或消費者這方面的疑慮。一般來說只要商品或服務具有一定程度的滿意度，絕大多數的客戶都不會惡意退費。

100% 保證滿意專案的風險，只要經過測試與設計，是完全可以控制的。100% 保證滿意專案是要訂出期限的，例如，購買後一個月內或服務後（上完課後）3 日內等等。

史上最偉大的 100% 保證滿意專案是 Zappos.com，該網站的滿意保證期限是一年！一年之內保證退款或退換貨。這是美國的一家網路鞋店，創辦人是華人謝家華。有人在這個網

站買鞋穿了 11 個月後都變舊鞋了，還申請退貨說是不滿意，該網站二話不說立刻全額退款！這個網站還有很多創舉：例如您可以隨時打給他的客服人員天南地北地聊天，您可要求免費多寄幾隻鞋給你試穿，……所以，以客為尊的創舉造就了Zappos.com 成為全球最大的網路鞋店，股票也在美國成功上市。

艾特瑪（AIDMA）法則

無論銷售成功與否，你都應分析和檢討每一次的銷售過程，自我審視當中是否有需要改進、修正、加強的部分，尤其銷售失敗時，自我分析導致失敗的原因，對於往後提高客戶購買欲、增加客戶心理分析的準確度都有相當大的幫助。你可以透過**艾特瑪（AIDMA）法則**來檢視並改進你的銷售環節。

艾特瑪法則是根據客戶的購買心理，將銷售活動予以法則化，並將客戶的心理狀態分成五大階段，各階段均以第一個字母來命名。

➢ **A、引起注意（Attention）**：運用銷售技巧或銷售策略，讓客戶注意到你的商品或服務。

➢ **I、引發興趣（Interest）**：引發客戶對商品產生興趣與想法，或是針對客戶的目標需求，訂定明確的商品或服務訊息。

➢ **D、喚起欲望（Desire）**：運用銷售技巧凸顯商品特色，刺激客戶的購買欲，並讓客戶產生期待擁有的想法。

➢ **M、記憶、確信（Memory）**：引導客戶設想購買商品後的

使用狀態，並讓客戶確信商品能帶來舒適、愉快、便利的生活，且購買金額合理而划算。

➢ **A、行動（Action）：** 客戶決定購買商品，並且採取實際的購買行動。當然，要確保客戶是向你購買。

採用艾特瑪法則檢視銷售成敗原因時，你應依據上述 A、I、D、M、A 此五階段逐一分析，從中檢視自己引導客戶到哪一個階段，如何引導？為什麼成功？為什麼失敗？某些客戶的購買意願已經被誘導到某個階段了，最後為何仍是拒絕購買？某些客戶卻又能順利完成銷售？當中的差異在哪裡？

盡可能地為你的銷售成敗分析原因，甚至當場做出結論，因為一般業務員很容易忘記以往失敗的教訓，也不能立即探究原因，所以在和下一位客戶面談時，往往再度犯下同樣的錯誤。而重複錯誤的路徑，也不會有正確的結果，這正是現場分析並改善的重要之處。

總之，銷售過程中，客戶的一舉一動都潛藏著成交或抗拒的訊息，善於察言觀色、巧妙運用並解讀肢體語言的心理訊息，將能協助你掌握進攻或撤退的有利時機，此外，培養自我檢視的習慣，反覆檢討銷售成敗的原因，則能有效提升客戶心理分析的準確度，大幅提高你的銷售力。

CHAPTER 2

成交第1步

接觸客戶，
贏得好感建立信賴感

SECRET

OF THE

DEAL

不要一見面就談生意，
先攻下客戶的好感

　　豐田（TOYOTA）公司的神級銷售員神谷卓一曾說：「接近客戶，不是一味地向客戶低頭行禮，也不是迫不及待地向客戶說明商品，這樣反而會引起客戶的反感。在我剛開始當業務員的時候，面對客戶時，我只知道如何介紹汽車，因此，剛和客戶打交道時，總是無法迅速突破客戶的心理防線。在無數次的體驗揣摩下，我終於體會到，與其直接說明商品，不如先與客戶話家常，談些有關客戶太太、小孩的話題與客戶感興趣的話題，讓客戶對自己有好感，這才是銷售成敗的關鍵。」

　　有一些業務人員一見到客戶，就開始介紹產品的性能、價格等，並誇讚自己的產品……結果成交率非常低。這樣的銷售模式是花 10% 的時間獲得顧客的信任，花 20% 的時間尋找顧客的需求點，花 30% 的時間介紹產品，花 40% 的時間去促成產品的成交。

　　但是，根據美國紐約銷售聯誼會的統計，71% 的人之所以會從業務員那裡購買產品，是因為他們喜歡、信任這個業務員。所以向顧客推銷產品前要先把自己推銷出去。

　　現在，我們得把上述的產品銷售模式倒過來，你必須要花

40%的時間獲得顧客的信任，花 30%的時間尋找顧客的需求點，花 20%的時間介紹產品，最後只花 10%的時間去促成成交。

和客戶初見面不要只想著生意能不能談成，而是要想該怎麼打造你和客戶美好的第一次接觸。一般情況下，人們都會對陌生人心懷戒備，難以敞開心扉。客戶在面對初次見面的業務員時，往往是懷著戒備，這種態度會影響溝通的效率。所以業務員要有意識地加強與客戶之間心與心的交流，使自己被客戶接受、喜歡和依賴你，用自己的親和力從心底打動他。

微笑帶來親和力

保持微笑能為自己創造更多接近客戶的機會。「伸手不打笑臉人」笑容的魅力是無窮的，所以業務員應該時刻保持溫暖的笑容，對於業務員來說，微笑是向客戶示好的第一步，能夠為雙方的交流打開良好局面。當業務員與客戶之間有誤會、隔閡時，一個微笑也許就能化解雙方的尷尬。

喬‧吉拉德（Joe Girard）說過：「當你笑時，整個世界都在笑。一臉苦相，沒人理睬你。」試想，如果業務員在向客戶銷售產品時始終沉著臉沒有半點笑容，客戶會接受他嗎？反之，如果業務員經常保持得體的微笑，從開始到結束都與客戶溝通得很順暢，那麼客戶一定會喜歡與他交往。這就是人們常說的「和氣生財」。

日本銷售大師原一平說過：「『笑』能把你的友善與關懷

有效地傳達給準客戶。」微笑能建立人與人之間的好感，創造和諧的人際關係。業務員要想獲得客戶的歡迎，請報以對方真心的微笑。

對業務員而言，笑容就是最好的名片，微笑面對每一位客戶，就是對客戶最大的尊重。微笑能拉近人與人之間的關係，減少人與人的隔閡。很多時候，一個親切的笑臉就能帶給客戶溫暖，感染客戶。

有很多業務員都有這樣的經驗，在自己狀況不佳時拜訪客戶，成績往往都是不理想，因為客戶都比較傾向從一個滿臉笑容的業務員手中買東西。你要記住的是，客戶購買的絕不僅是產品，還有購買產品時開心和愉快的心情體驗。

在銷售過程中，業務員的微笑是最好的成交催化劑。你的產品只能夠滿足客戶生活、工作的需要，但你真誠的微笑卻能給客戶帶來溫暖，讓客戶感受到精神上的享受。業務員銷售的不僅僅是產品，還銷售了一種精神力量，面帶微笑的業務員絕對比面無表情的業務員更受客戶歡迎。

據一份調查顯示，微笑與愉悅在銷售中所佔的分量為95%，而產品知識只佔5%。當你看到一名業務新手在不懂成交訣竅，而只掌握一點最基本的產品知識，卻能不斷賣出產品時，你就會了解到微笑是多麼重要了。

帶著輕鬆愉快的心情和客戶交談，一邊微笑，一邊傾聽。漸漸地你會發現過去很討人厭的客戶怎麼變得很好相處了；過去很棘手的問題，現在也變得容易解決了。毫無疑問地，微笑

替業務員帶來很多方便和更多的收入，當你微笑著去迎接客戶的時候，你收穫的也將更多。

微笑不花費你的一分錢，但是卻使你更快地贏得客戶的喜愛與信賴，使你的工作更加順利，那麼你為什麼要吝嗇自己的微笑呢？從現在開始，用你的微笑征服你的客戶吧！

多多善用笑臉可營造融洽的交談氣氛，此外時時讚美、聊聊家常、吃頓便飯這三種方法，也是業務員們常用的。而最忌諱的是一見面就問他：「你要不要買……？」這樣反而會讓他對你產生反感，所以你不要讓顧客一開始就把你當業務員，先和客戶聊他感興趣的話題及嗜好，關心對方關心的事；欣賞對方欣賞的事，就能營造一種良好的交談氣氛。其實，只要你真誠地、親切地和對方談論他關心的問題，給客戶最好的感覺，接下來的產品介紹、促成交易就會非常自然、順利了。

第一次接觸的好印象

在最初與客戶溝通時，說話得體、儀態穩重的業務員能更快贏得客戶的信任和喜愛。每天對著鏡子，從說話、儀態、穿著方面檢示並提升自己的個人形象，向客戶展現一個最得體的自己，你就能搶得先機，以最快的速度虜獲客戶的心。

一名業務員在與人互動時，據說外表形象的重要性就占了 55%。其次是說話語調的 38%，最後談話內容只占 7%。

對業務員來說，形象不僅僅是穿衣、外表、長相、髮型、化妝的組合概念，而是一種綜合素質的整合和表現。言行、穿著、修養、舉止、知識層次等等，都是形象的展現。在你開口與客戶說話前，你應該看看現在的自己到底會給客戶留下一個什麼樣的形象？

七秒決定別人對你的印象

加州柏克萊大學心理學教授馬布藍（Albert Mebrabian）提出著名的「7：38：55 定律」，指出人們在看待他人時，有 55% 的印象分數來自外型與肢體語言，38% 受到說話語調與表達方式影響，至於對方究竟說出哪些實質內容，只占印象分數的 7%。換言之，穿著與儀態，極大程度決定了你的第一

印象，以及別人對你的「好感度」。

第一印象並非總是正確的，但卻是最鮮明、牢固的，它是雙方今後往來的依據。所以，業務員一定要注重自己的儀表，力求給客戶留下一個好印象，為交易的成功打下基礎。

大衛是一個美國醫療器材經銷商，為了節省成本，他想從中國大陸引進一些醫療器材。他聽說 A 公司是中國國內有名的醫療器材生產商，他們在醫療器材製造上有先進的製程，品質優良。於是就主動與 A 公司的業務員聯繫，希望能與 A 公司合作。

到了他們約定好的會面時間，大衛坐在辦公室裡等待 A 公司業務員的到來。不一會兒，響起了敲門聲，大衛便請他進來。門開了，大衛看見一個人走進來自稱是 A 公司的業務員。這個人穿著皺皺巴巴的淺色西裝，裡面是一件襯衫，打著一條領帶，領帶飄在襯衫的外面，有些髒，好像還沾了些油漬。他穿著棕色的皮鞋，鞋面還看得見土塵。大衛打量著他，心裡起了個大問號，腦中也一片空白，似乎只看見他的嘴巴在動，完全聽不清他在說什麼。

業務員介紹完他的產品之後，沒有再說別的，氣氛頓時安靜下來。大衛一下子回過神來對他說：「把資料放在這裡，你請先回去吧！」但是業務員離開後，大衛完全沒有意願去翻看那份資料。

最終，大衛沒有與 A 公司合作，而是選擇了另外一家醫療器材生產商。

由於 A 公司的業務員衣著邋遢,沒有給大衛留下一個好印象,所以大衛對他所代表的產品完全沒有了解的興趣,使得雙方的交流在還沒開始就已經畫下休止符。由此可見,業務員一定要注重自己的儀表與態度,務必給客戶留下一個良好的第一印象。

業務員的形象顯得至關重要,特別是在與客戶的第一次見面時,能否獲得客戶的青睞。就算客戶習慣在與業務員首次溝通時表現出抗拒,但一個形象良好的業務員也一定會增加客戶與之溝通的欲望。試想,你面前站著一個外形邋遢和一個精神抖擻、形象乾淨整潔的人,你一定更願意與後者溝通。

如果一名業務員穿著 T 恤、球鞋……你認為他的客戶會對他產生「這個人看起來很厲害,應該很專業……」的想法嗎?對於業務員來說,最得體的打扮莫過於穿著乾淨整齊、符合個人氣質的西裝。穿著得體不僅表現在你穿什麼衣服、打扮得乾淨整潔賞心悅目,更重要的是,它應該成為一種工作態度。

在客戶面前展現出你最得體的形象,你就能在銷售一開始搶得先機,獲得更多溝通的機會。

從接觸客戶時,你的服務就開始了

從業務員與客戶最初的接觸、交涉,到最後的成交並建立長久的信賴關係,業務員要充分發揮個人魅力,吸引客戶關注,贏得他認可和信任。只有提升個人魅力,樹立鮮明的個人標誌,才能更迅速地抓住客戶,讓客戶們永不散場。

　　第三屆《商業周刊》「超級業務員大獎」房地產業金獎得主——永慶房屋的賴宗利在臨近中年才轉行房仲業的他，靠著熟記人名的能耐，刷新房仲業在桃園區銷售紀錄。當地兩萬人口，他就認識了一萬人，其中，至少十分之一曾透過他買賣房子。他堅信人脈就是業務員的最大資本。他使出的絕招是：讓大家認識他。要做到這點，首先，他必須先認識大家。他對人名、電話有超強記憶力，此能力一方面與生俱來，另一方面也是他不斷地刻意自我訓練。那是因為他發現，凡是他能喊出客戶名字的，往往都能得到對方正面的回應，這更激勵他拚命地記住每個人。客戶反饋微笑，看似無價，卻能滾出價值。賴宗利走在路上見到的每一位當地居民，他都能喊出對方名字，並熱情打招呼。也因為他的服務和為人深得人心，客戶才會放心將房子交給他賣，並推薦朋友給他。他說：「讓一個人滿意，可能影響到二十六到三十二人」這是永慶房屋內部研究報告，他銘記在心，並反推：「如果我得罪一個客人，也會讓二十六到三十二人不跟我買房子。」賴宗利堅信，建立信賴與人脈比賺錢更重要。

　　由於房屋買賣成交的時間長、互動也慢，持續力跟服務的態度就變得非常重要，賴宗利自然散發的親和力，讓他能在房屋仲介這個高度重視信任感的行業中勝出。

　　很多業務員都認為，在客戶購買自己的產品時，銷售服務才算真正開始。其實並非如此，客戶會和你談成一筆交易，不僅因為你銷售工作做得好，還有很多其他的因素，比如看到你

和其他客戶的互動情形、銷售態度、專業印象等。業務員在接
觸客戶時應該做好萬全的準備,從接觸客戶起就開始提供最符
合客戶需求的服務。

　　客戶都是有感情的,當客戶被業務員用不同的態度對待
時,也會用相應的態度回應。業務員與客戶的合作關係,並不
是一時的,所以對待客戶時不要只想到眼下的交易,而是要與
客戶建立長久合作關係。為了達到這個目的,你不僅要為客戶
提供良好的產品和服務,滿足客戶利益,還要試著建立鮮明的
個人品牌,想辦法給客戶留下深刻而良好的印象。

客戶覺得和你互動是舒服的

 讚美並認同讓好感度直升

據專家研究，一個人如果長時間被他人讚美，其心情就會變得愉悅，心防會鬆懈，所以，想要有好業績，就應該毫不吝嗇地讚美客戶，肯定客戶，以消除他的心防，拉近彼此的距離。

每個人都需要肯定和認可，需要別人誠心誠意地讚美，讚美客戶也不失為接近客戶的一種好方法，但誇獎和讚美也要實事求是。你的讚美不但要確有其事，還要選擇既定的目標。業務員在讚美客戶前，必須找出可能被他人忽略的特點，並且要讓客戶知道你是真誠的，因為沒有誠意的讚美反而會招致客戶的反感。多餘的恭維、吹捧，會引起對方的不悅。如對方的吃相粗魯，你卻說：「你吃飯的姿態真優雅！」，如此一來，對方不僅會覺得很難堪，甚至以為你是藉機在嘲諷他。

讚美也有很多方式，如傳達第三者的讚美，如：「章經理，我聽 ×× 公司的王總說，跟您做生意最爽快了。他誇獎您是一個果決的人。」或是讚美客戶的成績，如：「恭喜你啊，李總，我剛在報紙上看到您當選為十大傑出企業家。」或讚美客戶的愛好，如：「聽說您書法寫得很好，我竟不知道您有如此

雅興。」……

　　在與客戶的互動中要養成「稱讚對方」的習慣，因為讚美能為你營造出和諧的氣氛，多使用「真的就像你說所的那樣」、「您真是厲害（了不起）」，往往能收到意想不到的效果。有些人喜歡直接了當讚美別人，但是如果能以比喻的方式，客戶聽了會更加舒服。如：「你的鼻子很好看，很像吳奇隆。」或是留意客戶身上的飾品，我們可以說：「你的髮圈很適合你的髮型，上頭有朵小玫瑰很別緻，哪裡買的，可以介紹一下嗎，我也想買來送我的女朋友，她應該會很喜歡。」細微之處的關注與認同更能拉近你和客戶的距離。

　　很多時候業務員要處理的不是產品的問題，而是客戶的心情、客戶的情緒，所以 A 咖級的業務員他們在面對客戶時都會應用「先處理心情，再處理事情；先處理情緒，再講道理」的技巧。

　　卡內基人際關係第二條原則：給予真誠的讚賞和感謝，所以我們要懂得適時讚美客戶，客戶忙得不可開交，卻仍願意抽出時間跟我見面且聽我說話，要感謝！客戶對產品表示出興趣和喜歡，要感謝！客戶有想購買的念頭，要感謝！客戶把我的提案或建議記在腦海中，再感謝！客戶最後終於決定跟我購買了，無比的感謝！

 把客戶當朋友對待

　　民視主播羅瑞誠在銀行擔任櫃員的經歷，讓他深刻體認絕

不能小覷貌不驚人的對象。曾經有位客戶每次總穿著夾腳拖鞋進出銀行，往來一陣子後，才知道對方竟是台北市精華地段的大地主。所以，每一次與客戶接觸時，都要懷抱「交朋友」的心態，就算談不成生意，建立起的人際網絡未嘗不是下次合作的契機。

業務員如果能把客戶當作朋友對待，用自己的關心、體貼和愛護使對方產生親切感，就能與客戶建立良好的交情。只有與客戶有了深厚的交情，業務員才能更多更快地把自己的產品銷售出去。

現在各行各業競爭都很激烈，在同樣品質，同樣價格，同樣服務等的情況下，你要想贏過對手，只有憑交情了，如果你比對手更用心地對待客戶，和客戶結成朋友關係。這樣誰還能搶走你的單？所以你把時間花在什麼地方，你就得到什麼。

知名成功學大師金克拉（Zig Ziglar）說：「優秀的業務員總是讓自己成為客戶的朋友，站在朋友的立場來為客戶的利益著想，為客戶的問題尋求解決方法，這才是一個業務員在和客戶交談中應有的位置和態度。」在銷售過程中，業務員要想與客戶交朋友，就得向客戶敞開心胸，讓他感受到你是一個值得讓人信賴的人，如此才能取得他的認可。

要想加深與客戶的交情，就要經常與客戶交流溝通，保持雙方的密切交往，讓客戶對你產生喜歡和依賴之情。不要在與客戶談生意時才開始考慮與客戶建立良好關係，特別是對一些重要的客戶，應該更早就與之密切交往，建立深厚的友誼。

　　「像」朋友說到底還是沒有比「是」朋友來得好些。如果你能在平時就用心與客戶往來，和他們「博感情」形成良好的朋友關係，就更容易談成生意了。

　　與客戶交朋友並非要一味地討好客戶，朋友之交應該是平凡之中見真情。比如說，業務員每天難免都會遇到一些客戶的嘮叨。真正與客戶是朋友的業務員面對客戶的嘮叨時，往往就能將心比心，換位思考，站在客戶的角度去理解客戶，傾心聽取客戶的意見，並幫助客戶做力所能及的事。而少數無法將客戶視為朋友的業務員，則會把客戶的嘮叨視為找碴，會想要反駁，有的甚至與客戶發生口角。結果可想而知，善於理解客戶的業務員會讓客戶打從心裡喜歡他，而與客戶爭辯的業務員，儘管有理，客戶也會從心理上越來越疏遠他，自然不會想再找他服務。當客戶家裡中發生困難時，如果你能及時伸出援手，幫助客戶去解決，哪怕是一點小事，都能感動客戶，在客戶心中留下極好的印象，自然也會把你當朋友。

　　從事電腦證照推廣業務員的林嶽賢，其接觸的客戶群包含了各行各業，從資訊管理到資訊工程博士，也有高中職的電腦教師，每人的專業領域各不相同。林嶽賢說，推廣證照工作時，他總是把客戶當成朋友來看待，用真誠的心去協助朋友。朋友有困難時，只要能幫上忙的，儘管是芝麻綠豆般的蒜皮小事，也都盡力協助。例如，有人半夜電腦當機了，即使時間再晚，他都會想辦法找出解決方案協助修復，長期下來，這些人都成了他的「忠實客戶」，這樣不但能做好工作，又能交到好朋友，

這些相處經驗，對他日後業務的擴展，常有意想不到的功效與助益。

和泰汽車南松江營業所所長陳先尊曾說：「這世界上是沒有奧客的。」陳先尊表示，每個人都有放在心裡最重視、且不能妥協的那個點，只有讓客戶的堅持與需求獲得滿足，才有成交的可能。因為客戶不只要信任你的產品，客戶更需要信任業務員。

「車子賣不成，做朋友也很好。」陳先尊總是秉持著這句話，用交朋友的方式賣車子，於是他能創下三年內由新進業務員一路跳升為營業所長的紀錄。而升任主管職沒有時間跑業務，他每年還是能賣出超過一百台汽車，原來這些業績都是朋友介紹的。這些朋友，都曾經是他的顧客。

傾聽，打開客戶的心

從事業務銷售工作一定要懂得「聊天」，經由不具目的性的聊天，才能取得客戶信任，而且要懂得傾聽，真正會聊天的人都是擅長傾聽的人。溝通聊天的話題如下圖所示，包括了夢想、休閒、時間、家庭、工作、健康、收入與財務狀況，FORMDHT，這些都是你可以發揮的聊天話題，你和潛在客戶聊這些除了有話題可講之外，這些主題也有助於你對客戶背景的了解，可說是一石兩鳥。

成交是設計出來的，包括內容，題型，話術全部都是可以經由事先設計而達成的。以下是你在與客戶溝通時可以多加運

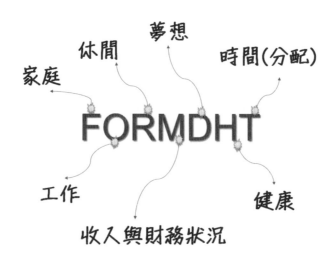

休閒　夢想　時間(分配)

家庭

FORMDHT

工作　　健康

收入與財務狀況

用的聊天題型。

　　填空題：上海在中國的 ＿＿＿ 省。

　　是非題：你去過重慶嗎？

　　選擇題：下次出國旅行你想去日本？韓國？帛琉？還是杜拜（迪拜）？

　　申論題：吃素的好處還真不少！比如說…

　　簡答題：您最常使用的理財方式是？

　　當雙方的言語式互動卡住時，不妨聊吃的！例如：天冷了，我們今晚去吃火鍋吧！您的老家（母校）附近有知名美食嗎？

　　可以多多運用開放式問句，透過這些話題去了解你的客戶，只有了解了客戶，才算完成了準備工作，還要了解你的競爭對手在做什麼，這樣你就立於不敗之地了。

　　傾聽是一種理解、一種尊重，傾聽得越多越久，客戶就離你越近。

　　在溝通聊天的過程中，客戶都希望能得到業務員的重視，這會讓他們產生心理上的滿足感，否則就會因感覺不受尊重而沒了和你繼續談下去的興緻。全球知名成功學家戴爾·卡內基（Dale Carnegie）曾說：「在生意場上，做一名好聽眾遠比自己誇誇其談有用得多。如果你對客戶的話感興趣，並且展現出急切地想聽下去的欲望，那麼訂單通常會不請自來。」在與客戶洽談時，當你向客戶傳遞資訊時，也需要藉由傾聽，從客戶那裡獲取資訊，銷售工作就是一個業務員與客戶之間有效互

動的過程。

業務員在面對客戶時，若能扮演好聆聽者的角色，可使客戶產生被尊重和被關切的感覺。而當客戶發覺自己可以在業務員面前暢所欲言地表達自己的要求和意見，並得到真誠的傾聽時，他們首先會感到內心需求被滿足，也會因此獲得自信和關愛感，而對業務員及他的產品產生興趣。可見，對於業務員來說，做一個好的聆聽者，不僅能進一步全方位地瞭解客戶，還能引起客戶的關注和好感。

我看過很多業務都習慣滔滔不絕地講，好像要把自己所知道的通通說出來，好讓客戶知道，但是若完全沒有讓對方表達意見的話，對方只會越聽越煩，最終會說「謝謝！再聯絡！」下次你就根本沒有機會再跟他說話了。

請先和客戶聊聊他感興趣的話題，例如：「請問你為什麼會想從事現在的工作？」、「請問要如何做才能做到你現在的職位？」先讓客戶侃侃而談，過程中眼神注視著客戶，不插話耐心傾聽，也不要邊聽邊想等一下我要講什麼，因為每一個人都渴望被了解，都想要表現自己或得意的一面，當你傾聽能力很好時，客戶會覺得你很尊重他，也對你產生了信任感。

我們可以這麼說，業務員在銷售時一定要當個好聽眾，只有抓住客戶的心，才能抓住客戶的注意力，進而使之關注到你的產品。傾聽就是注意看、專心聽。留意以下四個原則，能幫你將傾聽演繹得更好，更到位。

1 集中精力，認真傾聽

業務員認真傾聽客戶談話，是實現有效溝通的關鍵，也是傾聽的第一步。在購買產品時，沒有哪個客戶願意與無精打采、心思散漫的業務員談生意。所以，在傾聽客戶談話時，要盡可能地做到認真、專心，以表示對客戶談話內容的重視和關心。

2 及時總結歸納客戶的觀點

在傾聽客戶談話時，切勿一味地接受資訊，還要及時將這些客戶資訊加以整理和總結，並在適當的時間點回應給客戶，以檢視傾聽效果，避免歪曲或誤解客戶觀點的情況發生。此外，這種及時地回饋也會讓客戶有受重視的感覺，進而使之更願意發表意見，傳達他內在的需求。

3 不直接反駁客戶的觀點

在你傾聽客戶談話的過程中，難免會聽到客戶提出的觀點與你的想法不盡相同，甚至有失偏頗。此時，你切勿為了想證明所謂的「真理」，而直接反駁客戶的觀點，要知道，沒有一位客戶會願意接受業務員的糾正和反駁。

當你的銷售工作因為客戶的觀點而受到影響時，你就需要運用一些巧妙的技巧提醒客戶。在一般的情況下，你可使用提問的方式來引導客戶調整話題方向，使談話朝著有利於你的方向進行。

4 不隨便打斷客戶的談話

焦點放在對方身上，不要老是高談自身經驗，所以當客戶侃侃而談時，隨便打斷客戶的談話是一種非常不禮貌的行為。當客戶正說到興頭上而被打斷時，會大大減少他們的談話熱情。如果客戶正好情緒不佳，那無疑是火上澆油，使客戶更為惱火。所以，最好不要隨便接話或插話。

在傾聽客戶談話時，業務員應不時給予簡單的回應，如「嗯」、「是嗎」、「是的」、「好的」、「對」等等，以表示對客戶談話內容的關注。

模仿，客戶會覺得你更親切

在銷售過程中，我們可以發現到擁有好業績的人都非常善於察言觀色，能夠做到和客戶保持「同步」交談。

俗話說：「物以類聚，人以群分。」每個人都喜歡和自己有共同點較多的人合作，所以如果你與客戶的共同點越多，就越容易溝通。一名業務員在與客戶接觸的過程中，如果能夠在動作、表情、言語上和客戶保持同步，模仿客戶，那麼客戶就會對你有一股親切感。所謂「同流者易交流」是也。

這裡所說的模仿並不是指業務員要像猴子一樣去模仿客戶，那樣只會引起客戶的反感，而是要從客戶的興趣、立場去感受問題，也就是說在交談時要與客戶的情緒、興趣、語調和語速保持一致，讓客戶覺得你是個平易近人、善解人意的人。

一些業務員認為在和客戶交談的時候要熱情積極，微笑常掛臉上。但有一種狀況，是不能這樣做的。如果你的客戶心情處於低谷，而你卻還興致盎然地向他推銷產品，可想而知，客戶不但聽不進你的話，還會感到很氣憤，更別想他會買你的產品。所以，在溝通時要取得對方的信賴和好感，就要在說話、用語、肢體語言或情緒上與客戶一致。

跟不同的人講話要使用不同的說話方式，不僅要讓客戶聽

得懂，更要讓客戶聽得舒服，在語言表達與節奏上，要保持和他們同步。有的人在講話時，喜歡夾雜些英文，你也要時不時說幾句英語。有些人喜歡用方言，那就要盡量用方言回應他，讓他覺得有親切感。此外還有人說話都習慣用一些術語，或是口頭禪。如果你聽得出來對方的慣用語，同時也用這些慣用語回應他，對方就會感覺和你一見如故，聽你說話就覺得特別順耳。以對方喜歡或習慣的方式和他溝通，你的說服將會讓人無法抗拒。

在與客戶溝通時，可以講一些能引起客戶興奮的話題，好讓客戶在開心之餘，購買意願也會比較強。這個興奮點指的就是客戶的興趣、愛好以及他所關心的話題。那麼找到這個興奮點之後，接下來要想辦法與客戶的興趣、想聽的內容同步，如果只有客戶感興趣，而業務員對此毫無興趣的話，會使客戶覺得他是在對牛彈琴，這樣根本發揮不了什麼作用。

投其所好，聊客戶感興趣的（話題同頻）

如果你發現客戶對你的話語毫無反應，你就要放棄原有的話題，將話題轉移到客戶感興趣的事物上。但要如何才能知道哪些是客戶感興趣的話題呢？其實就是把與客戶見面時，與客戶有關的一些細節記下來，比如：當時的天氣；他喜歡談論的話題；包括當時是在一個什麼環境之下聊的……等等，把這些記下來了，總能夠找到客戶關心和感興趣之話題的。

例如，你剛認識了一位新客戶，回到公司後，你可以把與

這位客戶有關的東西記錄下來，比如：她當時點的是一杯拿鐵半糖，她說她的女兒今年考大學，她戴著一條紅黑相間的格紋圍巾等等。之後，當你有機會再和這位客戶見面，你可以說：「還是喝拿鐵半糖嗎？」「妳上次戴的那條圍巾很漂亮，在哪裡買的？」她一定會非常意外且高興你有留意到她的喜好。

一開始就是要引導出客人愉快的情緒，讓對方先講個幾分鐘，接著，帶入「你今天想買什麼？」的銷售話題，因為聊了那麼久，慢慢熟了，對方會不好意思，就會有所鬆動，最後幾乎都會成交。當然，也有可能你和客戶聊了老半天，卻什麼都沒有買，這時，你就要學會判定客戶是否有意購買。如果客戶講話的時候臉上有笑容、眼睛發亮，你感覺到他是真心願意和你聊幾句話的，就是有意願買東西的客戶。若在你丟出相關話題之後，對方還是一副愛理不理的死魚臉，就是無效，這時就要考慮先放棄這個客人了。

VOLVO 汽車全省業務冠軍曾偉智曾說：「並不是每個業務員都有本事賺進大筆獎金，一台 VOLVO 要價二、三百萬元，想買車的客戶，從口袋裡掏出的，不只是錢，更是信任。想博取客戶信任，業務員的態度、性格是否合客戶胃口，往往比業務員的話術還重要。」所以他認為雖然最終目的是把車賣出去，但也不能只和顧客聊車子，閒聊是有必要的，而且要懂得「投其所好」。隨著 VOLVO 的車款增加、走向年輕化與時尚感，曾偉智所要接觸的客群逐漸多元化，需要的背景知識也更博且雜：所以他能跟土財主聊兒孫、聊古董；跟企業家聊

兩岸經貿；與科技新貴聊 3C 產品；與年輕 OL 聊精品服飾等像等。

談論客戶的興趣是你拉近與客戶距離的最佳方式，所以要懂得瞭解客戶的興趣後去迎合他的喜好，才能刺激客戶產生購買欲望。

你還可以刻意讓你的生活節奏與你的客戶群同步，這樣你們的共同話題也會自然而然同頻、氣場也會相投，談起生意就順利多了。

想想你的潛在客戶會在哪裡，你就要時常出現在那裡。如果你是高級汽車業務員、銀行理專，那麼高爾夫球是你必須要會的興趣，因為你的潛在客戶大都在球場裡，一場球打完十八洞，少說要六個小時，整天耗下來，球友間很容易就卸下心防、大吐心事，從誰家的股票要上市、聊到誰的女兒在找工作。如果有人透露了想買車或投資的意向，那麼你可以發揮的機會就來了。

專業的業務員最值得信賴

　　業務員的形象魅力來自兩大方面：一是你個人的形象號召力；二是對產品／服務的專業度。個人的形象號召力能夠讓客戶不由自主地跟隨業務員的腳步，聽取業務員的意見。它是業務員本身的一種氣勢，是業務員從內而外散發出的自然特質。對產品／服務的專業了解度，表現在業務員對自己的產品與服務專業度要夠，要重視對產品形象的塑造，積極鍛鍊自己塑造品牌的能力。如果能證明自己是業內的權威領袖，或是透過出書或公眾演說等管道，能有效助你取得陌生人或潛在客戶對你的信賴感。

　　專業的業務員比較能快速得到客戶的信任。客戶期待業務人員能提供專業的服務，能替他們解決問題，而不是一個報價機器、或是滿腦子想賺錢的貪婪鬼。所以，你必須讓客戶覺得你是他們可信任的專家與服務，你是用產品或服務來幫客戶解決問題的人，而不僅僅是業務員而已。

　　要想成為客戶的購物顧問，就應該替客戶解決相關問題。如果你是賣電視的，就應該能根據客戶的居住空間和客戶需求推薦最適合客戶需求的機型，並且能解決客戶可能遇到的一切技術性問題；如果你是賣服飾的，就應該知道服裝的材質、製

作,如何穿搭、保養等,讓客戶在選購服飾方面,得到更多的知識,提升自己的品味。

也就是說,成為客戶的銷售顧問並不只是把產品賣出去那麼簡單,還應盡可能地為客戶提供服務,讓客戶感到物超所值。

客戶想要知道的專業知識

在銷售中,不同的業務員說出同樣的話,對客戶產生的影響卻不一樣,有的業務員能對客戶產生很大的影響,他們的話能夠被客戶認同並且得到重視;而有的業務員的話只能被客戶當作耳邊風,他們說了很多卻無法得到客戶的關注,甚至產生負面效應。這種差異的產生,原因在於他們對業務員的信任度不同!

最直接有效收服客戶對自己的信任之方法就是——業務員知道的永遠比客戶多一點,讓客戶感覺到自己是在與產品專家對話。喬・庫爾曼(Joe Culmann)說:「這是一個專家的年代。魅力與教養能使你每週獲得三十美元的收入,而超出的部分,只有少數人能得到,就是那些熟知自己專業的人。」

業務員在與客戶溝通之前,一定要明白以下的問題:

➤ 客戶為什麼要購買我的產品?

➤ 我的產品能給客戶帶來哪些好處?

➤ 我要如何證明我講的是真的?

➤ 為什麼客戶要跟你買?

> 為什麼客戶要現在跟你買？

> 我的產品要如何操作？

> 我能否熟練地向客戶介紹產品的優點和能帶給客戶的利益？

> 我能否發現客戶主要考量的問題，而這些問題我的產品功能能否解決？

> 我能否詳細區分自己的產品與其他同類產品的優勢和劣勢？

> 我能否堅持不斷地蒐集競爭對手的資訊並進行分析？

> 我能否確定行業內外競爭對手的產品？

> 我是否知道競爭對手的弱點，而這些弱點又正好是我的強項？

> 我能否看出市場未來的發展趨勢並做出結論？

客戶需要的是專業，非專業術語

　　優秀的業務員往往對產品的專業知識瞭若指掌，但客戶多是「門外漢」。對一般的客戶而言，即便客戶想要購買某種產品，對產品的了解也往往是表面的，對一些比較專業的說法了解甚少。

　　如果業務員介紹產品時過多地使用專有名詞和專業術語，客戶聽了之後也是一頭霧水、不知所云。業務員雖然展示了專業水準，但卻無法讓客戶準確地理解產品的價值，也給客戶留下了喜歡賣弄的印象，對業績是毫無幫助的。

　　有些業務員認為，專業就要在與客戶的溝通中使用大量的專業術語。這是錯誤的觀念，掌握專業術語的目的是為了企業

內部交流，而不是向客戶傳達，那些繁瑣的專業術語可能會把客戶嚇跑。客戶需要的專業是專業的產品介紹和專業的服務，而非專業術語的羅列。

當你在向客戶介紹產品時，以通俗的話介紹產品性能是非常重要的。一位電腦業務員在向客戶解釋雙核心處理器（dual-core processor）時是這樣說的，值得大家借鑑學習：

「如果把電腦比作汽車，處理器就好比是它的發動機。原來的單核處理器就好比汽車只有一個發動機，現在的雙核心則具備了兩個發動機，有兩個發動機的汽車當然會跑得更快些。這樣，如果你在家一邊下載電影一邊玩遊戲時，就不會受到速度下降的干擾。是不是很方便呢？」

這樣一來，客戶對雙核心處理器就有了生動直觀的瞭解。

銷售的目的是要將產品銷售出去，而不是向客戶賣弄你的專業術語。你賣力地解說，就是希望顧客能夠感受到商品的價值，但有時候不管怎麼說明，顧客就是無法感受，問題大多出在解說內容太過專業，顧客無法理解。通常業務員自覺「很好懂」的說明，實際上艱澀的程度是一般人能夠理解的十倍左右。因此，你可以先試著對自己的親朋演練一下產品介紹，如果他們都聽不懂就要再進一步簡化這些內容，才有可能清楚地將產品價值傳達給顧客。請注意：並不是顧客無法感受到產品價值，而是你的解說讓客戶越聽越不了解而打了退堂鼓，那就太可惜了。

在做產品介紹時，應該力求銷售語句的通俗化、生動化，

將專業的東西翻譯成客戶能夠接受、了解的事物，例如漫畫、白話文或口語化的小故事等，給客戶一目了然的感覺，在較短的時間內盡可能將意思表達清楚，簡單明瞭、乾淨俐落地向客戶傳遞訊息。這樣一來，產品資訊才更容易被客戶理解和接受。

　　剛從事壽險業務員不到一個月的小賴，一看到客戶就一股腦地向客戶炫耀自己是保險專家，在電話行銷中就把一大堆專業術語塞向客戶，個個客戶聽了都感到壓力很大。與客戶見面後，小賴又是接二連三地大力發揮自己的專業，什麼「豁免保費」、「保單價值準備金」、「前置費用」等等一大堆專業術語，讓客戶聽得霧煞煞，會被拒絕也是很自然的事。我們仔細分析一下，就會發覺，業務員是把客戶當作同業同仁在訓練他們，滿口都是專業用語，如何能讓人接受呢？既然聽不懂，又怎麼會想買呢？如果你能把這些術語，用簡單的話語來取代，讓人聽後明明白白，才能有效達到溝通目的，產品銷售也才有機會達成。

用專業建立影響力

　　史密斯（Benson Smith）與魯提格利亞諾（Tony Tutigliano）合著的書《發掘你的銷售長處》（Discover Your sales Strength），指出最頂尖的業務員都能對客戶發揮一定的「影響力」。

　　業務員個人魅力及專業形象會是消費者考量買與不買的關鍵之一。銷售行業需要專業的銷售人才，業務員要注意培養自

己的專業能力，以確保自己能遊刃有餘地應對工作中出現的各種問題。在與客戶溝通時，如果業務員對很多資訊都不清楚或者不了解，甚至從來沒有聽說過，就會給客戶留下不專業的印象，引發客戶質疑，也就難以引導客戶改變決定。

國泰人壽王俊堯本身並非財經本科系出身，但是就在公司開始推出投資型保單之後，他決定轉攻投資類這塊領域，他在一年半之內考取六張證照，從財經門外漢變成投資專家，再搭配有人脈的資深業務員一起去開拓業務。第二年起就因為轉型成功，業績呈倍數成長。除了一般客戶的投資建議外，包括企業的財務規畫、稅務諮詢，他都要求自己要具備深入的專業。

TOYOTA 國都豐田汽車的翁明鈴，她的專業度就讓同行的男性業務員都佩服。她會為了了解不同車種的避震器，就一一去借車來體驗，試坐駕駛座的感覺還不夠，再換到左前座、後座，再試試看轉彎、煞車等情況時坐起來的感覺。當顧客隨口問她：避震器如何？翁明鈴就可以回答出坐在不同座位上的感覺，這是光看汽車雜誌也學不到的專業。

業務員只有精通專業知識，具備專業能力，正確地解決客戶心中在意的各種問題，才能贏得客戶足夠的信任，使客戶願意聽從自己的建議，最後影響客戶的決定。

做顧客的產品顧問

與客戶接觸時，業務員要學會做客戶的產品顧問，比客戶有更齊全、更領先的產業知識，而不只是產品的解說員。不論

客戶問什麼問題都要對答如流，讓自己成為客戶眼中的產品專家。不是一味地將產品的資訊灌輸給客戶，而是要幫助客戶在成百上千種產品中選出他們所喜歡和需要的產品。唯有這樣，你才能給客戶留下足以信賴的感覺，與客戶建立長久的合作關係。

那麼，怎樣的業務員才能當一名稱職的產品顧問呢？以下是客戶最想知道的四種專業知識。

1 不怕被問倒的產品知識

對自己產品的材料、性能、規格、操作方式等。你必須要對你銷售的產品或服務有充分完整的認知與了解，並熟記使用方法及它的各種應用方式。如果客戶問你問題，你卻一問三不知，客戶會以為你是新人，自然而然對你提供的產品有所疑慮，反之，面對客戶的問題，如果你可以回答得讓客戶非常滿意，客戶會覺得你很專業，值得信任，跟你購買很安心。我曾去一家知名 3C 百貨想要購買一台數位相機，當我問店員其中兩台相機的不同之處時，他似乎答不太出來，讓我無法得到我想要的答案，後來我轉而到別家店買了，所以不專業除了無法讓客戶信任外，生意也可能就泡湯了。

如果你在向客戶介紹產品時，無法詳細說出自己產品的特徵、功能、用途、使用方法、型號、價格等等，那麼客戶也就無法確定你的產品是否符合他的要求，交易自然就無法順利進行下去。

2 掌握專業知識

專業知識是業務員需要掌握的最基本內容，包括產品的技術組成與含量、產品的物理性能。業務員要充分了解產品的規格、型號、材料、質地、美感、包裝和保養方法等內容，並準確詳細地介紹給客戶。各種型號的區別、功能和特點，對一些重要的產品背景和基本的使用規則也要熟悉，並在工作中熟練應用，為客戶提供最全面的產品資訊，讓客戶得到最高品質的服務。例如房仲業務員要對於房屋的建材、格局、裝潢風格、甚至是風水，以及近年流行的室內設計都要有所涉獵。這樣在為客戶介紹時，才能讓買主更瞭解房屋的價值所在。

3 關注市場動態

市場隨時都在變化，業務員要注意觀察市場訊息，根據市場變化及時調整銷售策略和方法。例如，那些超級理財專員們，他們與客戶對談時所談的大部分不是自家產品，反而是要和他們的客戶談目前的經濟現況、未來趨勢之類的大方向之觀點。從企業金融萎縮、消費性金融興起的趨勢，到金融海嘯的衝擊、新南向政策的經濟效益與區塊鏈……等，他們就像個小型訊息交流站，再加上自己用功，使得他們的角色更像客戶的夥伴，讓客戶每次跟理專們見面，都覺得很有收穫。無形之間，等於累積了自己的影響力。等到客戶有需要時，說話當然也就更有份量了。

4 了解行業的最新資訊

業務員要多關注所在行業的資訊，了解市場同類產品的情況、產品相關行業的發展狀況等資訊，使自己在銷售中及時跟隨行業的變化，應對可能隨時會出現的問題。此外，業務員要了解自己產品不同於其他同業同類產品的新功能，並介紹給客戶，將自己的產品與其他同類產品區別開來，藉以塑造獨特的產品形象。

5 強化客戶對產品的信心

業務員要站在客戶的角度思考問題，盡量滿足客戶的需求和利益。客戶猶豫不決時，這時就需要業務員拿出專業技巧強化其對產品的信心，讓客戶覺得你的推薦很專業，不是只考量自己是否有利潤，而是讓顧客體會到你是站在他（購買者）實用角度上用專業在替他考量，如果你的專業建議和搭配的實際效果真的又很好，如此客戶就會信任你的專業能力，同時也信任你這個人，向你購買的機率當然就提升不少了。

6 售後服務

在產品同質化的社會，客戶越來越關注產品的售後服務，業務員要好好把握這一點，透過完善的售後服務為產品建立良好的形象。需要注意的是，在與客戶溝通時，對於公司不會提供的服務不要亂誇海口、隨便承諾，以免在往後的服務過程中出現爭執，流失老客戶，將是業務行銷之大忌！

　　你想在網路上賺大錢嗎？你只需做兩件事，第一是收集名單；第二是建立這些名單對你的信任。

　　歐美那些賣資訊型產品的網路大師毫無例外地都是這麼做的。他們都是先想辦法收集各種名單，而依個人功力的不同，有人收集到 1000 個名單，有人是 10 萬個名單，然後他會發一些資訊給這些名單，提供一些他自己領域內的專業知識，三不五時就發信給這些人，通常這些人當中的一兩成的人會開始注意他、信任他，甚至開始期待他發來的內容。那位在網路上賺很多錢的老師就是先收集名單，他收集了 16 萬個，所謂的名單就是 Email-adress，其他像是電話、地址他都不要，他只要 Email，陸續收集到 16 萬個名單後，他開始兩三週就發一篇文章，像是目前網路界的發展或是網路行銷相關的新知識，所以他 16 萬個名單中約有 3 萬名粉絲喜歡他的文章，甚至還會主動回信問他何時會發新文，代表有人在期待。持續了半年之後，他終於跟大家宣布他有一個最完整的報告叫「流量的秘密」可以解決所有流量的問題，但這本來是要賣美金二萬多元，現在只要九千九百美元，你要不要買呢？結果三萬名粉絲中有一半的人要買，而非粉絲中的 13 萬人當中有 1 千人要買，所以他第一次 product launch 就收了 16000×9900 這麼多錢，而且是美金！因此網路發財就是名單乘上信任度。所以信任度重不重要？以上的例子就可見用專業知識來建立信賴感的重要了。

成為權威或名人就能取得信賴感

你如何證明你是業內的權威或業內的領袖呢？答案是出書或是公眾演說，你能出一本書談某個專業；你能上台演講，證明你具有某一方面的權威。這樣你就很容易得到陌生人的信賴。這就是為什麼產品代信都找明星，因為大家都認識他，所以只要他一代言很容易就取得共鳴，如果你被公認是某一領域的專業人士，那麼，你很容易就能取得他人的信賴感。

如何能快速成為權威或名人，捷徑是寫書或公眾演說，找一個你有興趣的領域，選一個主題認真努力地去學習去上課，鑽研到精熟，然後針對這個主題寫書或是開課，這些王道增智會都能協助你完成。等你成為權威或名人之後，你就能收穫到信賴感，這樣生意就自然好做多了。而且即使你只是某個領域的權威或名人，但是在其他領域做生意依然很好做，據統計，保險業務員在推銷別的產品時比一般人好做 10 倍。保險業務員本來是賣保險的，當他兼著也賣別的產品時，例如鍋子之類的。為什麼也會好做？因為保險業務員可以輕易進入到客戶的家，可以輕易地推薦，再加上他的客戶信任他，所以成交率是一般人的 10 倍。

CHAPTER 3

成交第2步
找出客戶的問題與渴望

SECRET
OF THE
DEAL

銷售是用問的，不是用說的

你想想看，如果你要追求一位心儀的對象，你要約對方出來，你會用說的？還是會用問的？當然是用問的，因為要用問的才會知道對方在想什麼？

頂尖的業務員花比較多的時間在問客戶問題，而不是一直說。他們用問句來引起客戶的興趣，用問句來銷售產品，用問句來引導客戶做決定，銷售不是演講，銷售是一連串引導客戶回答自己所想要的答案。如果你問得有技巧，客戶就會配合你，跟著你的節奏走，若客戶不配合你，那是因為你問得不夠到位。透過問問題來銷售有三大好處：

1. 掌握主導權（問問題的那個人擁有主導權）
2. 用引導的方式，不說教，不強迫
3. 讓客戶自己說服自己

 ## 透過提問，問出客戶的問題與渴望

在日常工作中，會遇到各形各色的客戶，有的會主動說出自己的要求，有的則遲遲不願透露自己的想法。在許多時候，客戶甚至根本不清楚自己的真正需求為何，當你的客戶不說清楚自己的需求時，這時候就有賴業務員善用問問題的方式來發

掘。因為唯有讓客戶有機會多說話，表達自己的意見和需求，你才能準確掌握客戶在想什麼。

在拜訪客戶時，請先暫時放下銷售產品這件事，以對待朋友的方式先關心和瞭解客戶的現況，例如：「貴公司成立多久了？」、「未來有什麼營運計畫？」透過問問題，可以讓客戶多說話，自己則是專心聆聽，要用心聽出關鍵核心。

正確挖掘客戶的需求是順利促成交易的保證。很多業務員常常會被客戶的一些表面說詞所困擾，無法真正了解客戶的真實想法，這其實是挖掘客戶需求的深度不夠所致。

「多問為什麼」是一個比較好的方法，就是當客戶提出一個要求時，我們反而要連續問「五個為什麼」。

比如，客戶抱怨道：「我們的使用人員對你們的新產品不甚滿意。」在業務員的詢問下，可能客戶會說：「因為操作起來很不方便。」

如果業務員就此以為找到了原因所在，以為客戶需要的是操作方便的新產品，就大錯特錯了。因為，業務員並沒有深入了解操作起來不方便是設計方面的原因還是其他別的因素。

這時就要繼續問第二個「為什麼操作起來不方便」，原來是「新加入的新功能介面不好用」，那麼是不是意味著這個新功能不必要，或者在設計上有問題呢？再問一個「為什麼」，發現是「使用人員不會使用」。那麼，是不是公司沒有提供培訓或者培訓效果不好呢？接著問第五個「為什麼」。最後才發現，「一週的培訓時間其實是夠的，但是使用手冊只有英文版

的，如果在使用過程中遇到問題，還要翻閱英文說明書，也很難一下子理解。」最終的問題終於浮現出來了，客戶不是需要一個操作更簡單的設備，也不是需要更好更多的培訓，而是需要易讀的中文版使用手冊以便平時查找。

在對話中運用多重選項的方式來探測客戶的需求，還能為下一個問話鋪路。例如：「您買數位相機是要自己用？還是要送人的呢？」「您喜歡的是輕便型的還是多功能的呢？」這樣問的好處，一來是表現出尊重客戶的態度，其次是展現出自己的專業能力，目的是讓客戶信任你，喜歡和你繼續對話。客戶會根據業務員的問題表達自己內心的想法。

在此之後，你就要針對客戶說出的問題尋求解決問題的途徑了。你還可以利用耐心詢問等方式，與客戶一起商量以找到解決問題的最佳方式。例如：「您擔心的售後服務問題，在我們公司是絕對不會出現的，這在合約上是有載明，如果我們做不到，那麼我們損失的會更多。」「您的顧慮我們可以理解，不過我想您真正在意的一定是其他問題吧。」

這時你可以用開放式提問的方式使客戶更暢快地表達內心的需求，比如用「為什麼……」、「什麼……」、「怎麼樣……」、「如何……」等疑問句來發問。

有些業務員即使掌握了提問的方法，也難以提高自己的業績，這是因為他們不懂得如何巧妙地向客戶提問，只會生硬地照搬問題，這樣很容易使自己的提問失去意義，達不到提問的目的。

所以，問對問題也很重要，問問題時請留意以下細節吧！

1 提問必須圍繞主題

提出的問題必須緊緊圍繞特定的目標展開，要以實現銷售、促成成交為目的，千萬不要脫離最根本的目標，漫無目的地進行提問。在見客戶之前，你應該根據實際情況將目標逐步分解，並據此想出具體的提問方式，這樣既可以節省時間，又能循序漸進地實現各級目標。

2 提問要因人而異

對不同性格的客戶要採用不同的提問方式。如：對脾氣倔強的客戶，要採用迂迴曲折的提問方式；對性格直爽的客戶，可以開門見山地提問；對文化層次低的客戶，要採用通俗易懂的詢問方式；對待看上去有煩惱的客戶，要親切、耐心地提問。

3 多提開放性的問題

在探勘階段應多向客戶提一些開放性的問題，讓客戶根據自己的興趣，圍繞主題說出自己的真實想法，這樣不僅可以使你根據客戶談話了解更有效的客戶資訊，還能使客戶暢所欲言，感到放鬆和愉快。你可以多多使用「如何……」、「怎樣……」、「為什麼……」、「哪些……」、「您覺得……」等語句進行開放式提問，如此能給客戶的回答留下更大的發揮空間。

4 注意提問時的禮儀

向客戶提問時，要注意禮貌，多使用一些敬語，如「請教」、「請問」、「請指點」等。在客戶的回答偏離主題太遠時，要委婉地將話題引回來，使用如「這些事您說得很有意思，今後我還會想再請教，不過我仍希望再談談先前所提的問題……」這樣的語句，自然巧妙地把話題控制在自己掌握的範圍內。並留意自己的態度，向客戶提問時要有足夠的禮貌和自信，不魯莽，不畏首畏尾。並且留意在提問時不要板著臉，要保持微笑，為客戶營造一個回答問題的良好氣氛。

5 提問要注意分寸

與客戶的溝通是雙方的交流活動，所以你的提問要顧及客戶的情緒，提出的問題必須是客戶樂於回答的，不要冒昧地詢問客戶的薪資收入、家庭財產、感情狀況或其他個人隱私問題。向客戶提問後，你要仔細觀察客戶，從客戶的表情、動作中獲得資訊反饋。當客戶面露難色或答非所問時，就表示他不想或者不能回答這個問題，這時就不應再繼續窮追不捨，要適可而止，以免引起客戶的反感。

提問能幫助你從客戶那裡獲取更多重要的資訊，也能推動銷售朝成交發展。在與客戶溝通時，業務員要能充分運用提問技巧，在問與答之間醞釀買氣，並及時抓住成交機會。

善用開放式問題——詢問與傾聽的絕妙搭配

　　最成功的銷售不是用嘴巴去進攻，而是用耳朵去傾聽。業務員與客戶的溝通必須建立在願意表達和傾訴的基礎上，如果客戶不開口講話，那麼業務員也無從傾聽。所以，我們要學會鼓勵和引導客戶講話，讓客戶說出他們心中的想法，多傾聽客戶的訴求和意見，不僅是尊重客戶的表現，還能使你從客戶那裡得到更多的訊息，為銷售業績尋找出路。

　　在與客戶的互動中，一定要多讓客戶說話，巧妙地向客戶提問。很多時候客戶不願意主動透露自己的想法和相關資訊，你可以用「為什麼……」「怎麼樣……」「如何……」等問句來發問，用這種開放式的問題可以讓客戶暢快地表達內心的想法並透露出真實的需求，有利於你找到解決問題的途徑。

　　在與客戶溝通時表現出專心傾聽，能激發客戶的談話興趣，而真誠地、全神貫注地傾聽更像是一種邀請「您有什麼問題？我會盡全力幫您解答」，在這種無聲的邀請下，沉默也是一種壓力，客戶將變得更加主動，對產品產生更大的求知欲，激發客戶談話和提問的興趣。

　　在傾聽客戶問題時，你可以記錄客戶的疑問，這樣既能讓

客戶有被重視的感覺而願意繼續發問，又可以使自己的回答有針對性且不致遺忘。當你說明產品功能之後，就要挖掘客戶的需求，這時候，發問與傾聽是非常關鍵的技巧。

業務人員：「貴公司提供的員工宿舍真是不錯呀！不僅房租便宜，而且交通便利，真的是好的沒話說了。」

客戶：「嗯！是呀！」

業務人員：「我有一個朋友也是住在員工宿舍，可是他說：『員工宿舍太小了，而且回到家還是會碰到公司的同事，很難真正放鬆心情，真想早點搬出去住。』他真是人在福中不知福啊！」

客戶：「嗯！我可以理解那個人的心情……」

業務人員：「噢！是這樣嗎？沒有員工宿舍住的上班族，不是都很羨慕有員工宿舍可以住的人……。您能不能告訴我您對員工宿舍最不滿意的地方是什麼？」

解說：不斷重複詢問，有技巧地讓客戶自己說出對員工宿舍不滿意的地方，如此就可以從中整理出有關客戶對住宅的需求。反觀那些差勁的業務員就只會咄咄逼人地以「員工宿舍真是差勁，還是早些搬出來吧！」用這些話來強迫客戶，這反而容易適得其反。因為當自己住的地方被別人批評得一文不值時，相信是沒有人會不生氣的。

業務人員：「如果是這樣的話，還是單獨一戶的住家最為理想囉！」

解說：發現客戶的需要，適時地提出問題。

業務人員：「我現在手邊就有一棟很不錯的房子，位在郊外的 ×× 附近，那一帶的環境相當不錯！」

解說：這就是所謂的「圈套詢問法」如果顧客感興趣，那交易的達成就有眉目了。

客戶：「……」

業務人員：「那一帶綠意盎然、空氣新鮮。一到假日一家大小就可以到附近走走、散心，我想您的夫人和小孩一定會非常喜歡的。」

解說：這稱為「暗示詢問法」客戶會因此而將自己的需求一一透露出來。

傾聽有兩種，一是「聽得懂」意指聽得懂對方傳達的內容；「懂得聽」，則是懂得聽話的技巧，能聽出弦外之音。對做業務的人來說就是要多聽少說，全程用眼睛觀察客戶的肢體語言。客戶有沒有在對話的過程出現不耐的訊息？有沒有表現出想要買的肢體動作？……等，你才能適時調整銷售策略及話術。多開口問話，要激起客戶不斷地說與問（Say or Ask），客戶說得越多，成交的機會也越高。

從客戶的話中發現銷售機會

客戶不會主動把自己的想法告訴你，你要不斷地提問，從問與答之間逐步掌握客戶的需求。要想客戶開口說話，提問是個不錯的選擇，因為礙於面子，客戶對你的問題也會做出回

答。當你在提問時，要語氣親切、態度誠懇，並且要有很強的目的性，如果只是盲目地亂問，連自己對答案有什麼樣的期待都不知道，只是在浪費客戶與自己的時間。因此，問對問題很重要，要帶著一定的目的性，既能讓客戶開口說，也能得到自己需要的資訊，如：

➤ 您對於電腦的配備有什麼要求？

➤ 你希望能在來年的產品加工中節省 50000 元嗎？

➤ 您覺得輕薄款好，還是功能比較強重要呢？

客戶在說話時，往往會提到自己心中最理想的產品是怎樣的，如果你能留心並記下客戶的需求，滿足客戶的需求，就能從中發現無限商機。

當客戶在你的鼓勵之後說出了自己的想法或問題時，你就要重複你所聽到的，瞭解並確認客戶和自己相互認同的部分，這樣做可確保你的客戶是否明白產品的益處，才能針對客戶想聽的再做介紹，如此就能為成交增加雙倍的勝算。

只有讓客戶說出明確的需求之後，業務員才能進入第二部分的產品簡報，**重點就在於將「產品功能」與「客戶需求」產生直接的關聯，這些關聯越深越明顯，案子成交的機率就越高**。如果能用心傾聽客戶的話，也能更加了解到客戶對產品的意見、想法和需求，就能進而選擇適合客戶特點的銷售策略，向客戶推薦最適合他們的產品。

從問與答中打探客戶在想什麼

1 客戶為什麼要購買產品

客戶並不會盲目購買產品，他們會在各種產品間做出選擇才購買，一定有其理由。在與業務員的交流過程中，客戶的字裡話間一定會有一些訊息，透露出他們購買產品的原因。這時你要注意觀察，仔細聆聽，抓住這些資訊，分析出客戶為什麼要購買這項產品。與其死命推銷客戶根本不需要的產品，業務員要像個心理學家般，把力氣花在傾聽與發問，慢慢誘導出客戶自己也不知道的需求。

所以，在銷售過程中，你要引導客戶多說話，給他們機會表達心中的想法，從中捕捉客戶購買產品的原因。一般來說，**會讓客戶購買產品的原因包括以下幾個方面**：

➢ **能讓自己的工作或生活更加便利**：有些產品對客戶工作或生活有很大的幫助，能給客戶帶來便利，使他們能更好地進行工作或生活。

➢ **產品形象符合客戶需求**：當產品給客戶的整體形象與客戶某方面的需求相近或相符的時候，客戶就會產生購買產品的欲望。

➢ **滿足自己的興趣愛好**：當產品與客戶的興趣愛好相符時，客戶就會對產品進行關注，並考慮購買該產品。

➢ **顯示自己的身分與地位**：對於某些客戶來說，他們購買產品並不是為了使用產品，而是要彰顯自己的身分和地位，所以

並不是很重視產品的實用性，而是重視產品的品牌、品味、品質與檔次。

分析出客戶購買產品的原因後，就要根據不同的情況使用不同的銷售方法，對症下藥，滿足客戶的需求，讓客戶做出購買產品的決定。

② 客戶對產品的要求

客戶對產品都會有一些特殊的要求，為的是讓自己使用起來更加方便，只有滿足了客戶的這些要求，才能順利地把產品賣給對方。但是很多時候，客戶不會直接把自己的特殊需求表達出來，而是用很隱晦的方式表達自己的想法或是不滿。這個時候，要引導客戶多說，多給客戶表達想法的機會，從中分析客戶的需求，並在自己的能力範圍內盡量給予滿足。

③ 客戶的弦外之音

有時候，客戶所說的並不是他們的真實想法，由於某些原因他們不方便或者不想直接表達自己的真實想法，這就需要業務員聽懂客戶的弦外之音，從客戶的字裡話間去探查他們的真實想法。

王木林是一家建材廠的業務員，他與客戶李先生的銷售商談已經進行到了最後階段。

李先生說：「你們的產品確實很不錯，價格方面不是問題，關鍵是時間很趕，最好能在我們訂貨後的一週之內全部到

貨！」

王木林是個經驗豐富的業務員，他知道李先生並不像他自己說的那樣不在乎產品的價格，關於時間上的要求只是他的一個說法。於是，王木林對李先生說：「李先生，我想您也知道，由於我們的建材生產場地在大陸，一週之內全部到貨對我們來說確實有些困難。不如這樣，我再在原來的總價上適當地給您減少一點，補償你們時間的損失。您覺得如何呢？」

李先生果然痛快地答應了王木林的提議，敲定降價細節後便與王木林簽下了合約。

王木林正是在客戶的話語中捕捉到了有用的訊息，知道了客戶的真實想法，從而找到了應對的方法，順利完成了交易。

④ 客戶對哪些問題還不清楚

客戶的疑問會阻礙客戶的購買，所以一定要及時弄清楚客戶對哪些問題還不清楚，解決客戶的疑問。在實際的銷售過程中，你要多與客戶互動，讓客戶多發表意見，從客戶的話語中搞清楚他們還對哪些問題存在疑問，並對這些疑問及時給予解答，以確保銷售過程順利進行。

除了以上幾方面外，你還可以從客戶那裡獲得更多的資訊。對於這些資訊，要及時歸納和檢討，從中分析客戶的心理，了解他們言語背後的真實含義，幫助他們解決在購買產品過程中遇到的問題，就能讓銷售工作這行做得更加順利。

聰明提問，問出你要的答案

　　成功銷售的關鍵在於你是否瞭解客戶面對的困難和煩惱，只要學會主動傾聽，貼心挖掘他的煩惱，引導他往你的產品服務尋找解決方案，這樣就能做成生意了。當然，客戶可能會刻意隱瞞他的想法，或者他自己也不清楚問題之所在，因此，你也必須善用提問技巧，既可獲取客戶的信任，又可幫助他瞭解自己真正的需要。

　　不管業務員選擇哪種提問方式，其最終目的都是為了瞭解客戶的購買需求，然後滿足他的需求，最終成交。

　　向客戶提問的目的就是要瞭解客戶的購買心理，唯有知道客戶需要什麼樣的產品，才能展開下一步的銷售行動。那麼，要怎麼問才能與客戶深入交流，問出客戶真正的需求。以下幾個技巧是必須靈活掌握的原則：

① 提問時旁敲側擊

　　與客戶初次見面時，最好不要馬上把話題引到銷售的細節上，而是從客戶熟悉並願意回答的問題入手，比如問客戶：「您對產品有哪些具體要求？」、「您所滿意的產品都具備哪些特徵呢？」先向客戶提一些較為容易接受的問題，邊問邊分析其

反應，從客戶的回答中找出談話重點，再一步步引導客戶進入正題。

使用這種旁敲側擊的提問方式時，在話題上要做到有效地規範和控制，既不可漫無目的地與客戶談論與產品毫無關係的話題，又不可過於直接地向客戶詢問與產品直接相關的問題。做到不給客戶咄咄逼人之感，又能在之後順利引入正題。總之，就是要讓客戶多說一說他自己的想法。

2 提問時多重複幾次

如果你在與客戶交流時，適當使用重複性的提問，既能表現出對客戶所談內容的理解和興趣，也能確認對方提供的資訊，及時找到客戶的興趣點與關心點。

客戶：「店裡的裝修方案我已經確定了。」

業務員：「您已經確定了您店裡的裝修方案？」

客戶：「是的。」

業務員：「就是上次您提到的中高檔裝修方案嗎？」

3 試探性的提問

當我們還不清楚客戶的購買心理時，可以進行試探性地提問，這種提問方式非常實用。可以分為兩種：

➤ **舒適區試探**。一般用於銷售溝通初期。在與客戶初次見面時，為了營造愉快的談話氣氛，你需要針對客戶感覺比較舒服的內容進行提問，使客戶願意主動傳遞相關資訊。

例如在與客戶初次交談時，你可以向客戶提問：「不知您比較欣賞哪種款式的產品？」這樣較開放式的問法，可以讓客戶根據自己的意願做回答，往往能使客戶說出更多內心的想法，而根據客戶的回答，業務員就能逐步掌握客戶真正關心或在意的部分，進而從客戶關心的話題展開攻勢。

➤ **敏感區試探。**所謂敏感區試探，指的是業務員針對客戶所存在的問題，或客戶比較在意的問題進行提問。一般用在雙方已建立良好的互動，也就是客戶的戒備心已經消除，開始信任並願意與業務員進行進一步的溝通的時候，可以進行敏感區的試探。

你的問題要能深化客戶的不便或痛點

你預計要對客戶提問的問題，一定要有的放矢，讓對方感受到購買產品的必要性和緊迫性，如此才能儘快促成交易，取得訂單。你可以透過以下實質性提問來刺激客戶的購買欲望。

當你瞭解了客戶的需求之後，就要對他的內在需求進行分析，向客戶提出他在缺少你的產品時可能會遇到的困難，並強調這些困難會對客戶帶來的影響。

以下來看一下一位抽油煙機業務員在面對客戶時，是怎樣利用提問來增強客戶需求的迫切性。

「您在做菜時，沒有抽油煙機會感到不舒服嗎？」

「當您在烹調時感到不舒服，是怎樣的感覺？」

「您會在烹調之後，有眼睛和喉嚨不舒服的感覺嗎？」

「您瞭解多少油煙會對人體產生的傷害呢？」

「您知道哪些是因油煙導致的疾病嗎？」

......

如果你能深化客戶因不改變而將會面臨到困難、不便或障礙時，就能提高客戶對產品需求的緊迫度，促使他更快做出成交決定。

 ## 你的提問要細化客戶的不便或痛點

在客戶有需求的情況下，指出客戶缺少產品時所遇到的困難，並一一羅列出這些困難對客戶的影響。以銷售汽車為例，當客戶想買車時，你可以這樣問：

「放假時，您也希望帶著家人去郊外放鬆一下吧？」

「當您遇到突發狀況時，有自己的車是不是會方便一些呢？」

細化客戶可能會遇到的問題，能加快客戶想要立即擁有的欲望。

 ## 你的問題要環環相扣

想要讓客戶的需求轉化為購買產品的強烈欲望，還要注意向客戶提問的頻率，儘量保持提問的連續性。客戶只有在連續被提問的過程中，對需求的緊迫感才會持續增強，一旦你將提問中斷，就會如同橡皮筋鬆了一般，失去了應有的效果。你的問題要緊扣以下方向：

★為什麼你還沒有行動？

★不行動對你有什麼壞處？

★長期不行動對你有什麼壞處？

★現在就行動對你有什麼好處？

★你什麼時候開始行動對你比較好？

範例：加入傳直銷

業務：除非你不認同，否則你早就加入了，我可以了解一
　　　下原因嗎？

客戶：我有一些顧慮。

業務：沒有加入對你有什麼好處呢？

客戶：可以少花錢啊！

業務：如果你一直沒有採取行動，對你有什麼損失你知道
　　　嗎？

客戶：不知道？（此時業務員要告訴客戶有什麼損失）

業務：你知道現在加入對你有什麼好處嗎？

客戶：不知道？（業務員就要進一步告訴客戶現在加入對
　　　他有什麼好處）

業務：既然如此，你覺得以後再加入對你比較好呢？還是
　　　現在就加入對你比較好？

客戶：現在吧！

　　我們要用問的方式給客戶痛苦，用問的方式給客戶快樂，
用問的方式來回答客戶的反對問題，用問的方式來銷售產品，

用問的方式來引導客戶做決定。所以銷售是用問的，不是用說的，銷售是一連串問問題的熟練度。只要你把問的功力練到爐火純青，那麼成交對你來說簡直是易如反掌。

 ## 問得有技巧，客戶就會配合你

技巧 1 先從範圍大的問題開始問

如果你是銷售健康食品，你可以問：「你覺得健康重要嗎？」如果你是銷售保險，你可以問：「你覺得儲蓄重要嗎？」如果你是銷售成長課程，你可以問：「你覺得學習重要嗎？」

技巧 2：讓客戶回答：「是！對！好！」

你的問句一定要是能讓 99% 的人都會回答：「是！對！好！」否則客戶就不會配合你了。比方說你問客戶：「你想成為億萬富翁嗎？」也許有人不願意，他就會回答：「不想！」因為有人覺得錢夠用就好了，不用成為億萬富翁。如果你換另一種問法：「你想不想過著不用為錢煩惱的生活嗎？」我想 99% 的人都會回答：「想！」

技巧 3：讓客戶二選一

例 1：你想每個月領固定的薪水，還是希望每個月除了固定薪水外，還有三萬到五萬的額外收入？

例 2：透過學習可以縮短一個人摸索的時間和犯錯的機會，

你只有兩個選擇，一個是花二十年的時間摸索和犯錯，累積出來的成功經驗；一個是花一天的時間，學習成功者二十年的經驗和智慧，你覺得哪一種比較划算？

例3：你是反對透過存錢讓自己提早退休，還是不喜歡業務人員為了業績強迫推銷呢？

技巧4：用問句給客戶痛苦

例1：你知道你每天都在燒錢嗎？事實上你每個月可以多賺三萬元以上，你知道嗎？

例2：等到我們退休年紀的時候，才後悔年輕時沒有做好財務規畫，並連累了家庭，這是你想要的結果嗎？

例3：你是想付學費呢？還是想付被淘汰的代價？

技巧5：用問句給客戶快樂

例1：你想提早退休，過自己想要的生活嗎？

例2：二十年後，你每個月都有五萬塊以上的利息可以花，重點是這是在你現在的能力之內就可規畫的，你要還是不要？

例3：參加完本課程，並實際運用在工作上，你未來的月收入可以比現在多三倍以上，這不就是你想要得到的結果嗎？

技巧6：在每句肯定句後面加上「不是嗎」或「你說是嗎」

例1：別人做傳直銷不成功，不代表這個行業不能做，關鍵在於做的方法和心態，不是嗎？

例 2：你可以保持現狀，你也可以讓自己擁有更美好的生活，沒有什麼理由可以阻擋你去追求你想要的，你說是嗎？

例 3：我們現在的結果，是過去的思想和行為造成的，所以要改變未來的結果，就要改變現在的思想和行為，你說是嗎？

技巧 7：在句子前加上「你知道……嗎？」或「你知道嗎？」

如果我說：「陳小姐！上課對你來說很重要，會讓你成功。」陳小姐心裡可能會想：「不一定！」但是，如果你換另一種問法：「陳小姐！你知道嗎？有一個課程對你非常重要，會幫助你成功。」同樣的意思，不同的問法效果和感覺大不同。

當你要讓別人知道某件事情，但是他根本不知道他不知道的時候，他會假裝知道，他不會表現出來讓你知道說他不知道的，因為他的內心會告訴自己我並不很笨，所以會假裝他自己知道。

例 1：你知道有一種行業是窮人翻身最快的行業嗎？

例 2：你知道幾乎所有的有錢人都懂得投資工具嗎？

例 3：你知道嗎？財富取決於你說服他人的能力。

在問與答中醞釀買氣

尼爾‧雷克漢姆在《銷售巨人》一書中，曾經對提問與銷售的關係進行過深入的研究，他認為：與客戶進行溝通的過程中，你問的問題越多，獲得的有效資訊就越充分，最終銷售成功的可能性就越大。

對於業務人員來說，提問是一種很有效的銷售手段，業務員對客戶有針對性的提問，能使雙方的對談更加深入，使業務員更能有效把握客戶的需求。由於人與人的表達方式和行為習慣各有不同，在雙方的溝通過程中難免會出現一些理解上的誤會，這時業務員就要及時提出問題，以使自己準確理解客戶的真實想法，減少誤會的發生。

客戶在決定購買產品之前，都會有自己的底線，所以，只要你掌握客戶這個底線，那麼達成交易的難度就大大降低了。知道了這個底線，你與客戶的溝通似乎就有一定的目的性，而你的每一句話都要想辦法套出客戶願意成交的條件與底線。

客戶沒有說出口的，才是成交關鍵。所以要多多利用問「為什麼？」、「怎麼辦？」等開放式問題，讓客戶說出自己的想法和觀點，由客戶自己把成交條件說出來。

林濤是一家醫療器材生產廠的業務員，他正在與一家醫院

負責採購醫療器材的濮院長進行商談——

林濤：「您好，聽說您準備購進一批新式醫療設備，請問在您心中符合您要求的產品都應該具備哪些特徵呢？」

濮院長：「首先要保證品質合格，一定要達到國家標準，其次要結實耐用、易於清理，還要價格公道，保證提供周到完整的售後服務⋯⋯。」

林濤：「我們公司非常希望與貴醫院取得合作，不知道您對我們公司產品的印象如何？」

濮院長：「貴公司的產品我倒是聽說過，不過還不知道品質怎麼樣。醫療器材一定要符合國家標準，你們的產品有達到標準嗎？」

林濤：「我們的產品不但能夠達到國家標準，也達到目前國際制定的所有標準，包括日本、美國與歐盟的標準，您是否有興趣了解一下我們產品的具體情況呢？」

院長：「是嗎？那我倒有興趣聽一聽。」

林濤簡單介紹了產品的情況，並給濮院長一些資料，說：「這是產品的相關資料，請您過目。」

聽完林濤的介紹並看完產品資料後，濮院長對林濤的產品有了比較深入的了解和較為濃厚的興趣，他對林濤說：「產品還不錯，不過在運送與安裝測試的問題上你們真的能保證時間來得及嗎？」

林濤：「對於產品的運送問題，其實您完全不用擔心，只要簽好訂單，我們都會在一週之內將產品全數送達，安裝與

測試大概另外再需要三天吧。那麼，您打算什麼時候簽署訂單呢？」

濮院長：「哦，是這樣啊，就下週一吧！」

透過對客戶的提問，林濤一步步引導客戶，從不了解產品到對產品產生濃厚的興趣，並產生了購買意願。那些經驗豐富的業務員都善於向客戶提問，並引導客戶做出準確並且內容豐富的回答，他們都知道要善用主動提問將談話的主導權握在自己手中，掌控銷售的進程，從而抓住成交的機會。

那麼，要如何做才能在與客戶的問答中醞釀買氣，抓住成交機會呢？

熟練掌握提問的方法

業務員向客戶問得越多，客戶答得就越多，暴露的訊息也就越多，業務員獲得的資訊也就越多。所以，業務員要想挖掘客戶內心的需求與想法，發現客戶的購買意圖，就要多向客戶提出問題，使自己處於主動的地位，以加大成功的可能性。

一般說來，向客戶提問的方法主要有以下幾種：

1 單刀直入法

這種方法是指針對客戶的主要購買動機，直接詢問客戶是否需要某種產品，開門見山地向其進行銷售，給客戶一個措手不及，然後「趁虛而入」，對客戶進行詳細的勸購。使用這種方法時要膽大心細，既要給客戶心理上的衝擊，又要注意掌握

分寸，不要過分強勢，以免引起客戶的反感，影響銷售。

2 連續肯定法

這個方法是指你所提出的問題便於客戶用贊同的口吻來回答，也就是說，對所提出的一系列問題，客戶可以連續地使用「是」來回答。為客戶簽下訂單製造有利的條件，讓客戶從頭至尾都做出肯定的答覆。使用連續肯定法時，具備準確的判斷能力和敏捷的思維能力，在提出每個問題前都要仔細思考一番，還要注意雙方對話的結構，使客戶順著自己的意圖做出肯定的回答。

3 「照話學話」法

這種方法是要首先肯定客戶的意見，然後在客戶所說的基礎上用提問的方式表達出自己的想法。例如，客戶在聽了業務員的介紹後說：「目前我們確實需要這種產品。」這時，就要不失時機地接過話說：「對啊，如果您也認為使用我們這種產品能節省貴公司的時間和金錢，那麼我們什麼時候可以簽約呢？」這樣就能水到渠成、順其自然地與客戶達成交易了。

4 「刺蝟效應」法

這種方法是指用提出問題的方式來回答客戶提出的問題，控制自己與客戶的溝通，按照自己的需要將談話引向銷售程序的下一步。例如，在向客戶銷售保險時，客戶詢問「這項保險

中有沒有現金價值？」業務員可以說：「您很看重保單是否具有現金價值的問題嗎？」客戶也許會回答：「絕對不是。我只是不想為了第一年就有現金價值而支付任何額外的費用。」業務員就能了解到客戶不想為現金價值付錢，從而向客戶解釋現金價值的含義，提高他對這方面的了解。在各種促成交易達成的提問方法中，「刺蝟效應」法，是很有效的一種。

5 選擇提問法

這種方法是指向客戶提出的問題是有選擇性的，讓客戶在問題中做出選擇。例如：「您是方便週一簽約還是週二簽約呢？」「是使用現金付款還是刷卡呢？」就是你問的問題必須有兩個或更多的選擇，並且這幾個選擇都是自己可以接受的，這樣就能從客戶那裡獲得自己想要的答案。所以千萬不要提「您是要買呢？還是不買呢？」這類的提問。

在實際的銷售中，提問的方式並不只有以上幾種，你要根據實際情況尋找新的方法和技巧，並對其進行靈活運用。要注意多觀察客戶，用心揣摩客戶的心理，把握好提問技巧的使用，使自己在與客戶的問和答中佔據主動地位，穩穩抓住成交的機會。

讓客戶發問，喚起他的購買欲

　　客戶到底會不會購買呢？有時客戶會與業務員玩捉迷藏的遊戲。客戶可能表面表示不想購買，其實早就急著想把產品買到手，只是心裡在盤算著如何才能讓價格一降再降；客戶也許表面表示拒絕，其實對產品已經開始感興趣了，只是心裡在琢磨如何才能得到更多優惠。

　　對業務員來說，觀察與發問式的言語溝通是一個能夠更準確了解客戶的好方法。透過觀察客戶的表情變化和肢體動作，不僅能夠迅速把握客戶的心理變化，而且能讓客戶感覺受到被重視。

　　客戶只有對產品感興趣的時候，才會想要了解產品的更多訊息，他們在購買一件產品之前，一定要弄清楚產品的相關資訊，這時，客戶會主動向業務員提出問題。業務員則能在與客戶的一問一答中獲得相關資訊，判斷客戶的需求，了解客戶的心理，在解答客戶問題的過程中，加深客戶對產品的了解，刺激客戶的購買欲望。具體來說，業務人員可以從以下幾方面來勾起客戶的購買欲。

引導客戶主動發問

很多時候，業務員要引導客戶提問以突破客戶心理的防線。可以在讓客戶親身體驗產品後，引導他們提出問題，並讓他們主動發問，與他們進行交流，這樣就能很容易地發現客戶的興趣，摸清他們的想法，從而能夠清楚地知道下一步應該採取哪些措施。客戶在親自體驗產品時，可能會提出一些實際操作的問題，這些問題很可能是業務員以前從來沒有想過的。所以業務員一定要非常了解自己的產品，認真操作和實際使用過自己的產品。

在引導客戶提問時，應該注意以下事項：

➤ **對於客戶的提問要有技巧地回答：**最好能引發客戶的進一步提問，這樣就可以層層推進，更加深入地了解客戶的想法和需求。

➤ **客戶提問之後不要馬上回答：**客戶提出問題後，你可以先委婉反問，弄清楚客戶問這個問題的原因和目的，之後再做出恰當的回答。

➤ **對客戶不用有問必答：**面對客戶的問題，不一定要有問必答，而是要透過應對，有目的地引導客戶，挖掘他們的潛在需求，弄清楚他最關心的問題，找到對自己最有力的回答方式。

無論客戶在實際操作中提出什麼樣的問題，你都要自信滿滿地應對，相信自己的產品一定能在某些方面滿足客戶的需求，並重點突出產品某方面的特點，贏得客戶的認同。

引導客戶提問時應注意的問題

在客戶提問時，要注意觀察，用心挖掘客戶的內心世界，與客戶形成良好的「問答」式互動。可以適當運用一些肢體語言來鼓勵客戶，如在客戶停頓的時候向客戶點頭或微笑，或是配合一些手勢增強客戶的被認同感，使他們產生持續交談的欲望。只有了解客戶心中所想，透過回答客戶的問題並引導客戶的思想，才能讓客戶產生購買興趣，最終實現成交。

在引導客戶提問時，應該注意以下問題：

➢ **讓自己處於主導地位**：當客戶提出問題時，不要只顧著回答問題，不能被客戶牽著鼻子走，而是要藉由回答客戶的問題引導客戶的思維，掌握談話的主導權。

➢ **事先有所準備**：在引導客戶提問時，要事先做好準備，選對方向，不要讓客戶的注意力轉移到與產品無關的資訊上。

➢ **考慮周全後再回答問題**：當客戶提問時，不要急於回答問題，要先仔細思考一番，也可以反過來婉轉發問，等了解並想清楚之後再回答問題。並注意自己的態度和用語，不要給人咄咄逼人的感覺。

➢ **不要排斥客戶的問題**：如果你覺得客戶的提問與銷售無關時，千萬不要表露出排斥的態度，要耐心聽完客戶的問題，不要打斷客戶。你可以使用委婉的語言，以反問等方式改變雙方談話的方向與重點，引導客戶提出能促進銷售的話題。

引導客戶主動提問是一門藝術，需要一定的技巧才能事半功倍。我們要多鍛鍊這方面的能力，引導客戶提出問題，並為

客戶提供解決方案，這樣才能使客戶更了解產品，激發客戶的購買欲，促進銷售的成功。

用心解答客戶提出的問題

在向客戶介紹產品時，客戶難免有一些不清楚不懂的地方。有些業務員為了盡快完成交易，而對客戶提出的問題不夠重視、敷衍了事，結果客戶大多因此就轉身離去了。

很顯然業務員這樣做是不對的。在購買產品的過程中，客戶更重視心理上是否得到了滿足。如果他們對產品本身是滿意的，但是業務員的服務令他們不滿意，他們也不一定會想買。當客戶針對產品提出問題時，你要及時回應他的問題，並留意他的反應，根據具體情況做出恰當的回應，讓客戶感受到自己是被重視的，才會繼續提問把焦點關注在你的產品上。在解答問題時一定要用心，讓客戶有被重視的感覺，就算最後生意沒有談成，你的用心也會被客戶牢記在心裡。

王小姐是個愛漂亮的美女，十分重視對皮膚的保養，對自己用的化妝品總是精挑細選。這天，小芳向王小姐介紹一款新品牌的護膚品，並說這款護膚品是純天然的，對補充肌膚水分、改善暗黃的膚色有十分明顯的效果。

王小姐知道自己的皮膚是乾性膚質，所以她對保養品是否能夠補充肌膚水分這點非常在意，聽了小芳的介紹後也來了興致，向小芳詢問了許多問題。小芳也一一詳盡地回答。王小姐試用後表示感覺還不錯，小芳以為王小姐就要購買了，所以提

出了成交要求，但是王小姐卻沒有要買的意思，而繼續詢問另一套化妝品的情況，小芳還是認真地解答，並熱情建議王小姐可以試用，一番攀談後，王小姐還是沒有買就離開了。小芳雖然不解，但還是態度熱情地歡迎王小姐有時間再來。

三個月後，王小姐再次光臨，買走了兩套化妝品，小芳這才了解：原來王小姐對產品的確是挺滿意的，但是當時家中還有很多之前買的化妝品沒有用完，所以才過三個月後再買。

案例中的小芳在客戶表示不會購買後也沒有「惱羞成怒」，因為她知道只要得到客戶的心，那麼要客戶花錢買單只是時間的問題了，所以仍然對客戶付出同樣的熱情和關心，用心且細心地解答客戶的問題。在客戶提出問題時，一定要耐心解答，特別是在不能確定客戶是否購買時，更要用心，這樣才能出奇致勝，進而提高成交率。

盡己所能地用心幫助客戶

客戶在購買和選擇產品的過程中常常需要業務員提供一些建議，以便更快做出選擇，買到滿意的產品。所以你不要只是介紹產品、想方設法讓客戶接受產品，而是要關心客戶購買過程中會遇到的困難、考量的問題點，並盡己所能地用心幫客戶解決，這樣才能讓客戶感受到貼心。

應該根據客戶的具體情況提供最貼心有效的幫助。當客戶處於以下情況時，更需要獲得業務員真心的幫助：

➤ **客戶不是購買的決策人：**客戶無法決定是否可以購買，可能

客戶在與決策人溝通之後仍然做不出決定，畢竟客戶憑藉描述很難讓決策人對產品有一個十分準確的了解和認識。這時你應向客戶詢問決策者的愛好、習慣等，透過客觀的衡量幫助客戶確定購買方向和具體的產品，與客戶共同討論出一個大家都滿意的結果。

➤ **客戶不知道選哪件產品好的時候：**如果客戶對幾種產品都很滿意，反而更難做決定。這時你應綜合評估客戶的實際情況，向客戶推薦對其最有利的產品，而非佣金最高的產品。

➤ **客戶有特殊需求時：**如果客戶的需求比較特殊，你應據此向客戶推薦能滿足客戶特殊需求的產品，或在情況許可之下增加服務以滿足客戶，如果產品確實無法滿足客戶時，則可以向客戶推薦其他商家更適合的產品。

CHAPTER 4

成交第**3**步
滿足需求，塑造產品的價值

SECRET
OF THE
DEAL

先服務別人，再滿足自己

　　當你要準備開始談一筆生意時，你是花多少時間去想客戶要什麼？還是大部分時間只想到自己要講什麼呢？如果你是一名汽車業務員，你是趕快建議客戶去試車、急著介紹車子的各種功能，還是先了解顧客的需求？

　　成交的關鍵是「先服務別人，再滿足自己」，不要因為有業績壓力，而忽略了要照顧到客戶的需求，腦中只想著要催促客戶趕快購買。你要先想著如何滿足顧客的需求，然後才在這當中推薦自己公司的產品或服務，如何能確實滿足了客戶的需求，也因為成交而滿足了自己的業績需求。

　　我們必須了解客戶到底需要什麼，才能給客戶提想要的建議，就是要挖掘客戶的潛在需求，關注客戶的興趣是什麼、關心什麼、什麼需求是必須滿足的……，只有這些都確實掌握了，才能夠給客戶想要的。

　　如果產品不能滿足客戶的需求，業務員就要想辦法讓客戶接受並盡快喜歡上你的產品。此時，就要根據產品情況幫助客戶建立新的需求點，轉移客戶的需求點，把產品的顯著優勢及能給客戶帶來的利益以建議的方式說給他聽，不僅能有效吸引客戶對產品的關注，而且也會讓客戶因收到了對自己有幫助的

訊息，從而更願意耐下心來認真考慮。

小陳從事凱迪拉克汽車業務的工作剛滿半年，然而半年之中他只賣出一輛車，每個月都被檢討，就在他決定要辭職的當天，他竟然賣出了兩輛車！第一輛車是顧客一走進來就跟他說：「我只是來看看的」，小陳平淡地說：「沒關係，您儘管看，有任何問題我都可以為您解說。」因為心情輕鬆，沒有急於成交的壓力，顧客問什麼他就答什麼，全程都很有耐心地解說，結果顧客竟然跟他說：「那我買了。」

另一組客人是快下班時來的，小陳心想這應該是今天接待的最後一組客人，就好好服務吧。客戶一開始就對小陳表達他對車子的需求，「我需要適合我身高（178 公分）方便上下車的、座椅坐起來不能太低、後座空間要大」小陳一開始就先帶客戶相中的 STS 車型，但是客戶覺得 STS 的座椅坐起來偏低，雖然坐在裡面很舒服，但還是不滿意。小陳接著又介紹 CTS 車型！客戶還是覺得座椅偏低，本來客戶想說算了要轉身離去，小陳建議客戶再試坐一下 SRX 車款，客戶立即喜出望外，覺得座椅高度適中，也容易上下車，其內裝材質、皮椅等級也一樣很優。客戶初步滿意後，小陳客氣有禮地做各項說明，即使某些功能客戶明顯不感興趣，他就自然地停止說明，直到客戶再提出問題或是表示意見時，他才開口說明。就在客戶車子看得差不多時，小陳為他沖了杯咖啡，準備好型錄資料，貼心地留下客戶自己考慮考慮。沒想到最後客戶決定買了，並對小陳表示這次的購車經驗讓他很愉快，完全沒有壓力，是很棒的

體驗。這時，小陳才明白自己之前錯在哪裡了。

　　業務員可以用觀察、傾聽、詢問等方法去挖掘客戶想要的「餌」，只有了解客戶的「習性」後，才能夠釣到客戶這條「魚」。舉例來說，如果顧客說：「超出預算或是太貴」，業務員就可再詢問顧客：「不知道您預算多少？」或是「不知道您期望用多少錢買呢？」然後再設身處地從客戶的回答中去找尋最適合價位的商品推薦，以滿足客戶的需求。

將產品的好處連接上客戶的需求

　　每一條魚都有它想吃的釣餌，每位客戶都有他想要的商品，成功銷售的重點，並不在於你銷售的商品是什麼，而是客戶能否因為購買它而獲得「好處」。所以我們要針對客戶的實際需求將產品優勢與客戶利益聯繫起來，強調產品能給客戶帶來哪些利益，引起客戶的注意和興趣，使客戶被利益所吸引，產生購買欲望。

　　客戶的消費行為背後都隱藏著複雜的購買決策，他會考慮要購買什麼、預算多少、以何種方式購買、商品使用是否便利、購買感覺是否良好等等，而如何刺激客戶的潛在購買欲即是能不能成交的一大關鍵。除了細心聆聽客戶的需求外，從交談中推敲客戶的購買動機，掌握可能的消費心理，才能順應客戶的期望，有效地結合商品賣點，繼而提升成交的機率。

　　一般說來，客戶的消費心理主要可分為以下幾種：

➢ **追求物美價廉的心理：**客戶都希望付出最少的錢，換取最大

的商品效用與使用價值，所謂高 CP 值是也。而在追求物美價廉的心理作用下，客戶不僅對商品價格的反應十分敏感，也善於運用各種管道比較同類商品的價格與品質，以期在購買前就能充分掌握市場資訊。值得留意的是，縱然物美價廉的商品受到他們的歡迎，但價格低於市場行情過多時，有時也會讓客戶的對商品的品質產生質疑。

➤ **追求新奇先進的心理：**在生活消費模式中，當市場上出現新穎、先進的商品時，追求新奇、使用先進商品的消費心理，將會促使客戶嘗試購買新商品，即使價格偏高、使用或附加價值較低，也不容易減低他們的購買意願，而陳舊、落後、過時的商品，就算價格低廉、品質不錯，也未必能吸引他們的注意，尤其對年輕族群而言，追求新奇先進的心理經常使他們成為跟隨市場潮流的購買者。因此，在銷售過程中，適當地提供符合市場需求的訊息或是趨勢，將能有效卸下客戶的心防，往往在此時進行銷售也會比較容易。

➤ **追求實用價值的心理：**絕大部分的客戶在從事消費行為時，主要精力會花費在民生必需品上，因此購買食、衣、住、行等相關日常生活必需品時，他們首先考量的未必是價格，而是商品能否滿足實際需要？又是否符合生活模式？追求實用價值的心理，自然讓他們著重於商品的實用價值與使用效果。

➤ **追求快速便利的心理：**洗衣機、數位相機、自動洗碗機、微波食品、傳真機等商品的出現，大大地滿足了現代人追求方

便、快速的生活需求，隨著科技的昌盛發展，人們對於能為家庭生活、工作環境帶來便利的商品也更加趨之若鶩。當客戶抱持追求快速便利的心理時，他們會優先考量商品的操作使用是否簡單？能否有效節省大量時間？與此同時，也要求商品有完善的售後服務，因為萬一商品出現了狀況，他們會希望在第一時間內就立即有人著手解決問題。

➢ **追求安全保障的心理：** 客戶追求安全保障的心理，經常表現在家用電器、藥品、衛生保健用品、醫療保險、居家保全等商品的選購上。大致而言，追求安全保障的心理有兩種涵意：獲取安全及避免可能性的危害，所謂趨吉避凶是也。在這種心理的趨力下，客戶購買商品或服務時，會考量商品是否會損害個人的身心健康？會不會危害到親友或他人的人身安全？同時，也會考量購買商品能否帶來生活的保障？能否降低生活中的可能危害？無論是有形的商品或無形的服務，只要能提供最大限度的安全保障，他們並不介意以較高的價格購買，甚至樂意長期為此投資。

➢ **追求自尊與社會認同的心理：** 心理學家馬斯洛（Abraham Maslow）曾提出人類的五個需求層次，依序為生理需求、安全需求、歸屬（社會）需求、尊重（自尊）需求、自我實現需求，從消費心理而論，當客戶的生存性需求獲得滿足後，將會轉而提高其他層次的消費需求，並且期望自己的消費獲得外界的認同和尊重。這類型的客戶在購買商品時，思考的是商品所帶來的附加價值，以及商品品牌所訴求的「社

會形象」，例如它能否彰顯自身的外在形象、社經地位？它能否凸顯個人品味？能否因為擁有它而獲得尊重與認同？換言之，他們希望自己的成就、社會地位或是個人品味，可以藉由某種商品、某種消費形式予以彰顯，因此對商品的品牌形象、商品的市場定位也就較為敏感。

➢ **追求美好的心理：**美好的事物人人喜歡，無論是裝扮自己或美化外在環境，都能帶給人們滿足感與愉悅感，儘管每個人對「美好」都有主觀判斷，但隨著時日推移、市場潮流的改變，時下流行的審美觀念很容易左右多數客戶的想法。當客戶抱持追求美好的消費心理時，他們不僅會判斷商品是否美觀？也會觀察它是否符合潮流之美？對於商品所呈現的質感也甚為注重，尤其年輕的客戶更會講求「時髦感」。值得一提的是，有時客戶為了與多數人產生「區別之美」，或是想引起人們的強烈注意，反而會產生獵奇心理，也就是他們會追求有別於大眾市場的美好，並且較為偏愛風格獨特、造型奇美的商品。

當你與客戶面對面時，你必須清楚告訴他購買商品的「好處」，而這些好處必然根源於商品的特點，儘管商品介紹手冊上集結了商品特點，例如商品的功能、規格、成分、操作方式等等，但你仍應讓每一項特點都能獨立成為符合客戶期待的「商品好處」。

在向客戶展示產品好處時，你可以套用一些句式，使自己

的表達既省時省力又能符合客戶的興趣點。如：「使用我們的產品能使您成為……」「使用這款產品可以減少您的……」「我們的產品減少（或增強）了您的……」「這款產品可以滿足您的……」

　　一般來說，**吸引客戶產生購買欲望的原因不外乎以下幾點：省錢、方便、安全、關懷、成就感**。業務員要知道客戶最關心的是什麼，然後根據客戶最需要得到的服務，進行針對性的介紹。

✓ 如果客戶最關注的問題是希望省錢▶業務員不妨這樣說:「我們的產品是同類產品中價格最便宜的。」、「我們的產品採用了先進的技術，會給您帶來巨大的經濟效益。」

✓ 如果客戶關注的問題是使用方便▶一句「我們的產品使用方便，會大大節省您的時間，讓您省下時間做更重要的事」往往就能促使客戶下定決心購買。

✓ 如果客戶關心的是安全問題▶業務員則應舉例說明你的產品在安全方面的保障。

✓ 如果客戶在意產品的人性化設計▶業務員可以說：「我們產品的特色就是人性化的設計，這款產品能充分展現您對家人的關懷。」

✓ 如果客戶看中產品的時尚感▶業務員則可以說：「這是我們這一季最新的產品，它時尚的外觀能突顯您的不凡的品味。」

　　客戶說出購買條件之後，業務員要將自己的產品與客戶的需求進行對比，先找出產品的哪些特徵與客戶的期待相符，對於客戶來說，他們購買的只是產品帶給他們的利益和好處，產品只有滿足他們的需求才能引起他們的興趣。所以，在清楚客戶的興趣點之後，業務員要針對客戶的關注點來介紹產品，只要讓客戶認同產品，成交就在望了。

把產品價值 show 出來

　　你要給客戶一個買的理由，這個理由就是產品的價值。銷售就是解決客戶的問題或是帶給客戶更大的快樂與滿足，但是客戶比較注重問題的解決，客戶的痛苦就是業務員的機會。而產品的價值就在於能為客戶避免掉什麼痛苦與壞處。

　　知道瞎子摸象的故事嗎？明明是一頭大象，因為眼睛看不到，你在摸它的時候，會因接觸到的地方不同而有不同的感覺。而且不同的人去摸，感覺也會不一樣，描述也會不一樣。為什麼業務員口才一定要還可以，因為你要會描述，描述才能產生價值。不會描述的價值聽起來不高，會描述的就產生很大的價值。所以我開的公眾演說班就是在教你怎麼去說，說出你的產品或服務的價值。

　　業務員常聽到客戶會很直接地拒絕說：「我沒錢」，這其實是顧客不想購買某件商品的藉口，這句話真正的意思是：「我才不想花錢買這樣東西呢！」即使是有錢人，對於他們不需要、感受不到魅力的東西，也一樣會推說「沒錢」。

　　也就是說客戶對於「覺得很有價值的東西、自己想要擁有的商品，即使要節省生活費、刷信用卡分期付款，還是想要買；但是其他的東西則希望盡可能撿便宜或根本不買。」這就是為

什麼高級品牌非常受歡迎，10 元商店或折扣藥妝店也是人氣特旺。所以，能否讓消費者確實感受到商品的「特殊價值」，就決定了交易的成敗。

有了價值之後客戶才會買單。所以，全世界最好賣的東西是什麼？是價值遠大於價格的東西。但價格是客觀的，價值卻是主觀的。這個主觀來自哪裡，來自於你找的人是誰？以及你的描述。比方說我有個東西要賣，潛在客戶那麼多，這樣東西對這些人而言的價值都不同，那我應該去找誰？找那個認為我這樣東西價值高的人，再經由我的描述說這樣產品如何地好及特別，還有我個人在客戶面前是一副值得他信任的樣子，於是就成交了。

什麼叫找錯人，找錯人就是：這個東西明明很有價值，而那個人卻不認為它很有價值。這是因為每個人的問題都不一樣，痛處也不一樣。所以，你要找到目標客戶，會描述，取得他的信任，那麼就絕對成交了。

所以，產品或服務的價值你要怎麼去塑造，這就是成交流程當中最重要的一件事情。

因此，**成交關鍵不在於客戶有沒有錢，而是讓客戶覺得「說什麼都想要」、「即使很貴也想買」**。業務員就是要努力**把產品價值呈現出來並論述出來**，最有效的方式是解析產品優勢，讓客戶看到產品獨一無二的價值，引起客戶的購買興趣。假如客戶不斷地提到價錢的問題，就表示你沒有把產品的真正價值告訴顧客，才會讓他一直很在意價錢。記住，一定要不斷

教育客戶為什麼你的產品物超所值。

解析產品優勢

　　客戶購買產品其主要原因是看中產品本身的使用價值，而不是花俏的促銷手法和業務員的好口才。將產品賣給客戶的最好方法，是要準確解析產品優勢，將產品的優點全面展示給客戶，用產品本身來吸引客戶，使客戶心甘情願地購買，實現銷售價值的最大化。具體的做法如下：

① 做好產品定位

　　對你的產品或服務有一個清楚的認識，從產品的特徵、包裝、服務、屬性等多方面研究，並綜合考慮競爭對手的情況，做好產品定位。在進行產品定位時，業務員應該考慮的問題包括：

★產品能夠滿足哪些人的需要？

★客戶們的需要都是些什麼？

★產品是否能滿足他們的需要？

★如何選擇提供的產品與客戶需要的獨特點結合？

★客戶的需要如何才能有效實現？

　　根據產品特點和客戶的需求對產品進行定位，你才能使產品在客戶心中留下深刻的印象，引起客戶對產品的關注。

2 分析產品優點

在同質化產品越來越多的市場上，客戶的需求卻越來越多樣，為了讓客戶對你的商品產生深刻印象，甚至往後有需要時，能立即聯想到你的產品或服務，你應找出產品最特殊或最重要的特點，並且為它擬定強而有力的關鍵語，並善用「FABE 銷售訴求法則」來設計你的產品介紹文。

透過 FABE 法則設定商品的銷售訴求點：

➤ F（Feature）是指商品特徵，也就是商品的功能、耐久性、品質、簡易操作性、價格等優勢點，你可以將這些特點列表比較，然後運用你的商品知識，為它們設計成一些簡要的陳述。

➤ A（Advantage）是指商品利益，也就是你列出的商品特徵發揮了哪些功能？能提供給客戶什麼好處？

➤ B（Benefits）是指客戶的利益，你必須站在客戶的立場，思考你的商品能帶給他們哪些實質的利益？假使商品利益無法與客戶利益相互結合，對於客戶來說，你的商品再優異也沒有意義。

➤ E（Evidence）是指商品保證的證據，你要「有證據」證明你的商品符合客戶的利益，或是能讓客戶實際接觸而確認商品有益，因此你必須提供商品證明書、樣本、科學性的資料分析、說明書等物品與見證，藉以保證商品確實能滿足客戶的需求。

簡單說來，FABE 法則是將商品特點拆解、分析後所整理

出的銷售訴求要點，而在實際應用上，你必須先瞭解客戶真正的需求，並且快速排序你的銷售重點，例如客戶關心的是價格問題，你的銷售要點就應側重在價格部分，其次才是其餘各項要點的陳述。

當你利用 FABE 法則解說商品時，務必簡潔扼要地說出商品的特點及功能，避免使用太專業、太艱深的術語，引述商品優點時，則要記得以多數客戶都能接受的一般性利益（一般消費者感興趣的特點）為主，再來是針對客戶利益做出說明，並且提供相關的證據加以證明，最後再進行總結。

當你在分析產品優點時，要站在客戶的角度，從客戶最關心的點著眼，詳細充分地解答客戶的問題。這樣才能縮短與客戶之間的心理距離，使產品的優點被客戶接受。

③ 突出產品與同類產品的不同之處

業務員要找到自己產品與其他同類產品的不同之處，提出一些競爭對手沒有提到過的優勢，這樣就能凸顯產品的不同，引起客戶的關注，吸引客戶主動來購買自己的產品，實現銷售價值。

還要善於發現自己產品與競爭對手的不同之處，尋找產品的獨特賣點，並把它展示出來並大書特書，讓客戶了解並接受。這樣就能強化自己產品的競爭力，加快產品的銷售。

④ 將產品的不足化為優勢

　　每個產品都不是十全十美的，都有一定的不足，但是換個角度看，就能成為特殊的優勢。業務員要善於運用銷售技巧，將產品的不足化為產品優勢，使產品得到客戶的認可，促進銷售價值的實現。

　　朱軍是一名房仲業務員，他銷售過一批房子，前面幾間都很順利，但是剩下最後一間卻怎麼也賣不出去。這間房子面積很大，但是格局並不好，尤其是衛浴間是三角形的。朱軍帶很多客戶來看過這間房子，大部分都不滿意，即使房子的價格比別間低，客戶也不願意購買。

　　後來朱軍想了一個辦法，他找了一家裝修工人把房子簡單裝修了一下，訂了一個合適的木板把衛浴間的三角擋了一角，使這個衛浴間看起來像個梯形。此外，他還把房子標價定得稍微低於市場行情，用以吸引客戶。

　　因為房子的價格便宜，有一個客戶來看房。朱軍帶著他參觀了一下後，客戶感覺還不錯，決定買下。簽完合約後，朱軍帶著客戶來到衛浴間，把衛浴間的擋板拿下來，告訴客戶多送給他半坪的地方放雜物。這位客戶看了覺得更滿意了。

　　朱軍在銷售房子的過程中，清楚地知道房子賣不出去的原因，他用板子擋住衛浴間的三角，把房子的缺點掩飾起來，使客戶對房子有一個好的印象。當客戶簽下合約後，朱軍告訴對方還能多出半坪的空間放置雜物，能使客戶感覺自己得到了額外的好處。這樣一來，客戶不僅不會在意衛浴間原來三角形的

設計，還會滿心歡喜地覺得自己佔到了便宜。

　　所以，我們要掌握一定的銷售技巧，善於解析產品優劣勢，找到銷售成交的關鍵點，這樣就能促使客戶購買，滿足雙方的利益需求，實現銷售價值的最大化。以下將介紹的要點總結如下：

✓ 當客戶對產品的品質提出質疑的時候，就應該用精確的數字來證明產品的優秀品質。選擇採用的數字要能突出產品賣點和相對於其他產品的優勢。

✓ 如果條件允許的話，要及時更新資料，不要試圖用一個缺少實質意義或已過時的資料矇騙客戶。

✓ 使用的資料越精確越容易得到客戶的信任，如果只是一個約數，即使是經過調查的，客戶也會認為你是隨口亂說的。

✓ 在介紹產品時要告訴其能為客戶帶來多少潛在的利益，例如：一年能為客戶節約多少開支、數年下來能節省多少錢、不需要特別的維護等等。成本的節約是一個最具誘惑力的條件。

✓ 介紹產品時要揚長避短，對客戶來說不重要的優點可以一帶而過，甚至不提及或者化缺點為優點，比如產品外觀簡單，你可以這樣說：「我們的產品外觀簡潔大方，而且又不會過時，深得像您這樣有品味的客戶歡迎。」

✓ 在介紹產品的時候應該抓住客戶的受益點，比如在向客戶介紹護膚品的時候不要只告訴客戶護膚品的成分，而是要告訴

他使用後的效果，如美白、緊緻等等。

✓ 客戶比較關注的產品特徵有：品質、味道、包裝、顏色、大小、市場占有率、外觀、配方、製作程式、價格、功能等等，你可以針對這些特點來設計你的話術。記住：成交是設計出來的！

《成交是設計出來的》創見文化出版。

讓客戶相信並認同購買產品後能得到的利益

客戶購買產品是為了滿足需求，只有在了解到產品的好處，確定產品能給自己帶來利益後才會購買。業務員的工作就是結合客戶的利益需求，把產品的好處說到客戶心坎裡，引起客戶的共鳴，讓客戶心甘情願花錢購買。

銷售大師喬・吉拉德曾說：「鑽進客戶心裡，才能發掘客戶的需求」。業務員只有抓住客戶的心，才能抓住最有價值的資源，否則即使暫時與客戶做成一筆生意，也難以保持雙方長久的合作關係。

有時產品的某些優點並不能吸引客戶，原因是這些優點並不是客戶心裡所要的，以至於業務員在介紹產品優點時客戶並不感興趣。但是對業務員來說，介紹產品的優點是說服客戶購買的途徑之一。有些業務員總是試圖說服客戶，強迫客戶接受產品，但實際上客戶的觀點是很難改變的，還會引起客戶反感，而做不成生意。

以客戶需求為重點，把好處說到客戶心坎裡

客戶需要什麼，你就給他介紹什麼；客戶不感興趣的，你

應該一語帶過，甚至可以完全忽略。

那些頂尖的業務員從不強迫客戶接受產品優點，而是想方設法尋找產品與客戶需求的契合點，激發客戶的興趣，讓客戶真切地看到產品的好處，從心底接受產品，找到讓客戶購買的理由。

不知道各位是否曾想過這樣的問題，客戶為什麼會購買你的商品？因為它物美價廉，因為它外觀時尚，還是因為它功能齊全？當然，這些都可能是客戶購買你的產品的原因，但最重要的一點就是你的產品能滿足客戶的需求。所以你要給的是客戶需要的理由，而不是你銷售的理由。如果客戶需要晚宴時穿的晚禮服，而你只有運動服，那麼即使你的衣服再精美，款式再新穎，價格再實惠，也絲毫無法引起客戶的興趣。想要得到成交的機會，你就必須在成交時讓客戶產生心理需求，使他對你的產品產生強烈想要擁有的購買欲。

所以，在介紹產品之前，要先將客戶的需求瞭解清楚。

➤ **聽客戶說，你會有意外的收穫**：聆聽客戶說話也是一種瞭解其需求的方式。在聽的過程中，要將重點放在客戶希望得到什麼上和客戶為了得到，希望可以付出什麼。因為客戶有了需求，並不代表可以合作，而且有些客戶往往因不想暴露自己的真實想法，會說一些假話，但假話說得越多，越容易暴露真實想法，因此對客戶的假話也要格外留意。

➤ **業務員要善於提問**：問什麼，在什麼時問都非常重要。提問前，你要先明確自己想知道什麼，有時客戶為了拒絕你，會

找到很多藉口，而你明知道是藉口卻無法揭穿，這時提問就是探究客戶需求的最好辦法了。邊聽邊以探索的口吻提問，以瞭解客戶的真正想法，引導客戶。

產品介紹時，緊扣客戶的需求

業務員得知了客戶需求，在介紹產品時，就要以客戶的需求為核心。如果業務員為了一點蠅頭小利，就鼓吹客戶去購買一些不需要的產品，將使自己失去良好的信譽和口碑。只有把客戶的需要當做自己的行動指南，找到最適合客戶使用的產品，才會讓客戶滿意而歸。

想客戶所想，就是真正站在客戶的立場上想一想，省錢、效益是客戶所想，先不考慮你的公司能得到多少利潤，先想一想如何為客戶省錢，如何為客戶賺錢。先為客戶省錢，才有機會賺錢，這並不矛盾。

如果我們能做到一切從客戶的立場出發，進行換位思考，不僅有利於雙方之間的溝通，還可在通往交易成功的路上做到有的放矢、對症下藥，能針對性地解決問題，進而為客戶提供最滿意的、最需要的產品和服務。提供能為他們增加價值和省錢的建議給客戶，那麼你就會受到客戶的歡迎。

每個客戶都有不同的購買動機，同樣是購買手機，有的人需要的是簡便實用，有的人需要的是功能齊全，有的人需要的是緊跟潮流……所以，產品真正吸引客戶的因素並不是產品所有的優點和特徵，而是其中能滿足客戶需求的一個或某幾個特

點。業務員只有識別出客戶真正的利益點，充分挖掘客戶的特殊需求，才能藉由產品相關的特性和優點打動客戶。

張志明是一家汽車廠商的業務員。這天，一對年輕夫婦來到店裡，張志明迎上前去，並詢問他們想買什麼樣的車。

這對夫婦在店裡轉了一圈，最後在一台小型車前停下了腳步。張志明馬上向他們介紹這款車：「這款車是今年最流行的車型，線條流暢，而且有多種顏色，最重要的是它耗油低，價格便宜……」經過一段時間的產品溝通後，張志明發現這對夫婦對車子的體積、長度和寬度特別關心，於是主動向他們詢問原因。原來，這對夫婦已經有一輛車了，只是妻子的路邊停車技術太差，常常在停車的時候發生一些尷尬的情事，於是，他們想再買一台車身較短的車。

張志明在得知這一情況後，只簡略介紹了一下車子耗油和相關配備，重點介紹了車子的長度、寬度和體積，並把相關的資料都提供給了客戶。後來，這對年輕夫婦購買了這款車，滿意地離開。

因此，向客戶介紹產品時，應該做到客戶需要什麼，你就給他介紹什麼；客戶不感興趣的，就要一語帶過，甚至完全忽略。

❶ 介紹產品後，徵求客戶意見

有些業務員在實際的工作中常會有這樣的疑問：我介紹的產品明明是客戶需要的啊，為什麼還是無法成交呢？很可能是

客戶對你介紹的產品大致上是滿意的，但因產品仍有些美中不足導致他未能下定決心購買。要想擺脫這種情況，就應該在介紹完產品之後，及時詢問客戶的意見，不斷修正，儘量給客戶最滿意的產品。

如果你在介紹完產品後，發現客戶還是猶豫不決，代表你的產品並不能使其滿意，這時，就要進一步徵求客戶的意見，協助客戶找到最滿意的產品。

你要給客戶需要的，而不是你想給的。客戶的需求是業務員介紹產品時的指揮棒。一般而言，客戶是為了要買產品才會找上你的，成功的業務員的工作只是幫助客戶選到他真正需求的產品。所以，你要在第一時間知道客人的需求，知道客人想要什麼東西。因此首先要了解客戶的背景，要知道客戶的預算有多少，主要用途是什麼……。這些資訊都是你提出建議時很重要的參考。

❷ 讓客戶相信產品對他有益

沒有人願意購買品質低劣又對自己毫無用處的產品，客戶在購買產品時，都希望產品達到自己的要求，滿足自身利益需求。為了防止利益受損，客戶對業務員總是抱持一種警戒的心理，用懷疑的態度看待業務員和他推薦的產品。

我們應該理解客戶的這種心理，並且幫助客戶化解心中的疑慮，在向客戶銷售產品時，要向客戶提供有力證明，用最有說服力的證據讓客戶相信購買產品後能夠得到的利益。

　　李建代理了某品牌的減肥食品，並在一個大型商場租了一個櫃位。他把櫃檯裝飾得非常漂亮，向客人介紹產品時也非常用心，每次有客人來的時候，他都詳細介紹產品成分、食用方法以及應該注意的問題。

　　雖然李建的口才很好，把減肥食品的功效說得神乎其神，但是由於產品價格高昂，很少有客人購買。

　　一段時間之後，李建賣出的產品甚少，獲得的利潤都還不夠付櫃位的租金，這讓他很著急，並開始想辦法改變現狀。他找到以前食用過這款減肥食品且減肥成功的人，取得對方允許後將其食用前和食用後的照片放大，擺在櫃檯外面，並定時請分享者到櫃檯前和客戶進行經驗分享。

　　這兩張對比鮮明的照片吸引了很多群眾圍觀，李建趁機開始做產品介紹，並拿出產品品質檢驗證書和專家推薦，終於讓客戶相信了這種減肥食品的效果，不少愛美的女士紛紛開始掏錢購買。於是李健的產品終於被客戶接受，銷量越來越好。

　　要想讓客戶相信產品對他有益，就要掌握一定的說服技巧，打消客戶的疑慮，讓他們相信購買產品後能得到的利益。那麼業務員如何做才能更好地說服客戶呢？

❸ 向客戶提供強有力的證據

　　在銷售產品的過程中，為了打消客戶對產品的懷疑，業務員要向客戶提供相關的證明，證明產品品質和使用產品後能夠得到的效果。一般情況下，產品的說明書、合格證、獲獎證

書、統計數據或者名人推薦、相關照片等,都具有一定的說服力,能夠消除客戶的懷疑,讓客戶相信購買產品後能夠得到的利益。業務員要主動向客戶提供這些證據,打消客戶的疑慮,增加客戶對產品的信任度,使客戶產生購買產品的意願。

此外,你還可以向客戶提供精確的資料,如產品已經被多少人購買,客戶使用產品多久可以見效等,透過列舉精確資料說服客戶,提高客戶對產品的信任度。需要注意的是,列舉的資料一定要真實可靠,否則一旦客戶發現資料造假,不僅會懷疑業務員的人品,對產品和生產企業的印象也將大大扣分,給業務員和產品、企業與品牌都會帶來極為惡劣的影響。

● 讓事實說話,用圖片、模型、表格展示客戶擁有產品後能得到的利益。

● 讓專家說話,用權威機構的檢測報告或專家的論據證明你的產品。

● 利用公眾傳播的力量,比如來自媒體特別是權威媒體的相關產品報導。

● 利用客戶的推薦信或者一些已實際使用過的網路部落客的分享,來為產品做免費的宣傳。

見證比什麼都重要!

如果客戶對產品的品質、功能等存有疑慮,讓客戶親自體驗是最直接有效的方法。例如在銷售化妝品時,可以先試擦半邊臉或一隻手,看看有何差別,各種疑慮也就煙消雲散了。

但是有些產品是無法試用體驗的，所以可以透過提供和分享過去的成交案例給客戶看，讓客戶知道有那麼多人使用我的產品，並得到他想要的效果，甚至利用某某知名藝人或某某知名專家學者的推薦，讓客戶明白他可以放心地相信眼前這位業務員。這就是名人見證。

不管是賣什麼，都要找一堆人來為你見證，那你就成功了。灰姑娘見證，指的就是素人，沒有人知道他是誰，這個時候就要採結果導向，比方說你賣的是減肥產品，你可以先找一些胖兄胖妹，先一一替他們拍張照，讓他們使用你產品，一段時間之後果然有一些人變瘦了，你再拍一些照片，將使用前和使用後的照片放一起做比對，這樣一來大家就會相信你的減肥產品是確實有效。因為你有見證，雖然消費者並不認識他們，但他們是確實存在的人，這相對於名人見證好實施多了，因為名人不好找，而且還要花費一筆不少的代言費。所以見證的大方向如下：

★名人見證。

★灰姑娘見證。素人見證。

★同行見證。

★媒體見證。

★結果導向（勿產品導向或流程導向）。

★眼見為憑，圖片優於視頻優於文字描述。

★數字精準，勿取概數。

讓客戶試用，
賣得更好更輕鬆

很多業務員在與客戶溝通時，都把重點偏重在介紹產品上，滔滔不絕地向客戶傳達產品資訊，認為客戶對產品了解越多，越有可能購買產品。但是，他們得到的結果卻經常與期望相反。其實，業務員大可不必這麼費力。有時候，讓客戶對產品進行親身體驗，並詢問他們的體驗感覺，透過客戶的回饋訊息來找到銷售的切入點，往往能得到很好的效果。

讓客戶看到、摸到或使用到你的產品，透過試用與體驗，先讓客戶對你的產品或服務留下好印象，緊接著你說什麼都是中聽的。

我們在這裡所說的讓客戶試用產品，也就是體驗式銷售，讓客戶自己去感受產品的性能和效果，這種真實的體驗會讓客戶更安心。在決定要客戶親自試用之後，一定要給客戶充足的試用空間，讓客戶真實感受到產品給他的享受。

客戶都希望買得安心，用得放心。但要如何實現客戶的這個希望？讓客戶試用是最直接，也是最有效的方式了。當客戶試用完產品後，會在心裡為其估出一個分數，權衡自己是否需要購買。

在銷售過程中，儘量讓客戶參與到你的銷售活動中，讓客戶親身感受到產品的性能與眾不同。在客戶親自體驗產品後，此時再運用形象的語言加以介紹，客戶會更願意聽你說。

不僅賣產品還是賣體驗

優秀的業務員深知產品體驗的重要性，他們明白一旦客戶對產品有了切身體驗，很容易就能聯想到擁有產品後給自己帶來的益處，這樣業務員就可以不費吹灰之力地與客戶達成交易。這比業務員費盡心機地介紹產品、擺出各式的證據、列舉各樣的資料都更有效。喬·吉拉德在和顧客接觸時總是想方設法讓顧客先體驗一下新車的感覺。他會讓顧客坐到駕駛位上，握住方向盤，自己觸摸操作一番。如果顧客住在附近，喬還會建議他把車開回家，讓他在自己的親朋好友面前炫耀一番，根據喬本人的經驗，凡是體驗過試駕，把車開上一段距離的顧客，沒有不買他的車的！

雅詩蘭黛（EsteLauder）是全球知名的化妝品品牌，在其草創時期也曾歷經商品無人問津的困境。當時創始人艾絲蒂·蘭黛女士從鄰居分享美食的經驗中獲得靈感，以廣發「免費試用品」作為促銷宣傳方式，結果一舉將商品成功地推向市場。為何發送免費試用品能夠帶動銷售呢？根據銷售心理學的研究發現，業務員將商品交給客戶試用一段時間後，客戶的內心就會產生「商品已經屬於我」的感覺，因此當業務員要收回商品時，客戶的心理會感到不適應，進而萌發想買下來的決定。

SECRET OF THE DEAL

換言之，如果你能讓客戶在實際承諾購買之前，先行試用商品一段時間，交易的成功率將大為增加，當然了，礙於商品屬性不同、公司政策不同，你未必能讓客戶擁有商品免費試用期，因此根據實際情況，你的商品若能夠分裝為試用品，譬如化妝品、家庭清潔用品、個人衛生用品、食品、文具用品等品項，不妨就自行製作一個產品試用袋。在拜訪客戶時，你可以交給客戶產品試用袋，並且告訴對方在試用幾天或一週後，你將會再度回訪，以便詢問對方的使用心得，或是提供必要的諮詢服務，往往透過這樣的方式，可以有效加深你與客戶之間的互動，銷售業績也能有效提升。

沒有什麼比「**親身體驗**」更能產生說服力與信賴感了。業務員講述自己的親身經驗很重要，不是照本宣科唸出介紹手冊裡的產品介紹，而是熱情地向顧客講述自己使用後的感受，這樣反而更能贏得客戶的信任。自己沒有親身體驗過的東西，是無法講述的。因此，企業可以召集店內的全體員工舉辦試吃會、試穿會、試乘會等活動，不僅餐廳如此，電器行、汽車經銷商、珠寶店也一樣。乍看之下是很浪費時間的做法，卻能產生很大的價值。

另外，銷售高單價產品時，可以多加善用讓客人免費試吃、試乘、試玩、試用，藉由免費體驗的方式讓顧客上癮，並了解到你的產品之所以賣高價的價值之所在，而願意花大錢來購買。目前市場上用體驗的方法來打開市場的案例已經很多了，以高單價商品最常被應用到，如果能讓顧客體驗高品質的

東西，讓他們感受到「貴雖貴，但更有價值」。例如如果顧客已經能夠感受到現有商品的價值，那麼就請他體驗更高等級的商品。這種讓顧客親身體驗的效果非常好，因為它抓準的是人們「由奢入儉難」的習性。住過高級飯店的人，下次還是會想訂高級飯店；開過豪華房車的人，就會一直想買高級名車。

讓客戶親自體驗產品，是業務員最省力最有效的銷售辦法，業務員要多多善用這種方法，讓客戶切身體會到購買產品後能得到的利益，使客戶相信產品，產生購買產品的欲望。像筆者本人在 Costco 賣場買的食品幾乎都是先被「試吃」引誘後才「上鉤」的！

人們都喜歡自己來嘗試、接觸、操作，因為好奇心人皆有之。讓客戶親自體驗產品，並不需要多費口舌，只要在客戶體驗的過程中詢問客戶的感受，並針對客戶提出的問題和疑慮做出合理的解釋與說明。這時，客戶在體驗的過程中已經清晰地感受到了產品的優點，根本不需要過多的介紹就能成交。

那麼，如何做才能讓客戶更好地體驗產品呢？

➢ 在請客戶體驗之前應該親自測試相關產品，以掌握正確的用法，如果你在為客戶展示時不熟練，是會給客戶留下產品不易使用的印象。

➢ 如果你銷售的是電器或者工具類，就應該接通電源，讓客戶實際看到產品運作時的狀況。

➢ 如果你銷售的是化妝品和生活用品，就應該提供一些小巧的試用小包裝給客戶試用或者讓客戶聞到產品的味道、觸摸產

品質感。

➢ 如果向客戶展示傢俱，就應該請他們用手觸摸傢俱表面的纖維和木料，坐上去或者躺上去實際體驗。

多提問及引導

在客戶試用產品的時候，業務員應有意地引導客戶，可以運用一些提問代替產品性能的描述，這樣可以更有效地讓客戶參與到產品的銷售流程中。例如，業務員剛剛介紹完一款電子書，就可以讓客戶親自來操作一下，並詢問客戶在操作過程中對這款電子書有什麼感想，對哪些地方滿意，希望哪裡有所改進。也可以詢問客戶的興趣所在，並讓客戶親自感受產品在用戶感興趣的方面所展示出的性能和特點，滿足客戶的心理享受，讓其最終做出購買的決定。所以業務員在實際操作中要注意這兩方面的結合，讓客戶多多體驗產品並詢問他們的感受，使他們對產品產生興趣，引發他們的購買欲望。

別以為只要客戶試用了產品後就萬事 OK 了。客戶試用產品後，一定要及時知道客戶試用後的反應，傾聽客戶的意見，適時對客戶進行勸購，把客戶導引到自己所預期的銷售方向。

在客戶試用完產品後，你可以提出這樣的問題：

➢ 「經過了體驗，您瞭解我們產品的功能了嗎？」

➢ 「我們的產品是不是能使您的工作更為便捷？」

➢ 「您喜歡我們的產品嗎？」

➢ 「穿上這件衣服，是不是讓妳看起來更苗條了呢？」

　　透過這些問題，你就能揣測客戶的態度，如果客戶體驗產品的效果不是那麼理想，你還可以進一步強化產品的價值，或以有力的證明來展現產品的優勢。

　　業務員若想售出產品，就不能只停留在對產品誇誇其談地陳述，而是要讓客戶親眼看一看、摸一摸、試一試。先讓準客戶試用你的產品或服務，直到他割捨不下，最後決定把產品留下來為止。

提供有效建議，
讓客戶不能沒有你

　　每個業務員都知道「客戶就是上帝」這句話，但是你在實際的銷售工作中，真的把客戶視為上帝了嗎？業務員都把「為客戶著想」當作自己的職業準則，但是為客戶著想並不是一句口號，喊喊就算做到了，它是業務員應具備的一種特質。業務員要想確實做到為客戶著想，就應該為客戶提出一些可行性建議，替客戶解決眼前的問題。給「客戶真正想要的」，而不是硬把產品賣出去就好。

　　客戶在購買產品時，最浪費時間和精力的莫過於選擇產品的過程。為了買到自己滿意的產品，有的客戶會思前想後，權衡利弊，花很長的時間斟酌產品與自身需求之間的差異。在客戶選購產品時，如果你能提供對客戶非常有幫助的建議，不僅能減少銷售時間，而且還能取得客戶更大的信任，客戶不僅會購買產品，而且使用後也會願意繼續找你諮詢。這樣一來，你就把客戶的心套住了。

　　對業務員來說，在這個過程中為客戶提供好建議，正是贏得客戶的好機會。讓客戶覺得你在他的購買過程中非常重要，甚至覺得沒有你就無法選擇到最適合的產品，這時你在客戶心

中的重要地位就建立起來了。

作為業務員，你應該從客戶的實際情況出發，向客戶提供高效建議，讓客戶覺得沒有你不行。以下提供一些業務員要如何提建議以俘虜客戶心的注意要點：

 ## 你的建議必須是符合客戶需要的

有些客戶在購買產品時有明確的目的，但有些客戶卻是比較模糊的，你在與客戶溝通時常會發生這樣的情況：客戶認為自己需要的某種產品和服務不適合他們或業務員並不重視的產品卻剛好能滿足客戶的需要。一旦銷售過程中出現了這樣的狀況，你就要及時向客戶提出衷心的建議與意見，如果你沒有提出合理的建議而讓客戶買到不合適的產品，那麼這位客戶絕對不會成為你的老客戶。

有些客戶的購買目的比較模糊，他們不知道哪種產品更適合自己，在這種情況下，你就應該結合客戶的具體情況進行分析，幫助客戶挑選最合適的產品。

對於這類購買目的模糊的客戶，你一定要讓他們明白自己選擇的產品哪裡不合適，而你推薦的產品有哪些優勢。如果客戶購買了不合適的產品，不但會為他們的生活帶來不便，事後還可能要求退貨，或是把錯推到你身上，這豈不得不償失。因此，要積極讓客戶第一次就買到合適的產品，這樣就不會有後顧之憂了，也能替自己贏得服務佳的美名。

還有一種客戶，他們有需求，但卻不知該購買什麼樣的產

品。這類客戶可能會直接告訴業務員，希望業務員幫助他們做出選擇。但需注意的是，你只需要提出建議，最後的決定還是要交給客戶自己拿主意，千萬不能替客戶決定買哪一種。

 ## 向客戶證明，你的商品是他想要的

客戶之所以會心甘情願地掏出錢購買產品，最大的原因就是「有欲望、有需求」。所以，身為業務員，你必須讓顧客知道這個產品有用、瞭解購買產品是一項穩當的投資，同時相信你、也喜歡你，才能讓客戶想要「擁有」你的產品。因此，你必須先從挑起顧客的「欲望」著手，給客戶心目中想要的產品。至於如何讓產品聽起來既誘人又非買不可呢？你可以從以下四個基本要素來檢視：

1. 你的產品亮點與特殊用途；
2. 為什麼你的產品比競爭者優秀；
3. 競爭者有什麼樣的產品；
4. 你所屬公司的介紹，包括歷史、財務、聲譽等。

 ## 你的建議應該「一勞永逸」

由於少數不負責任的業務員的行為，造成不少人都曾被業務員欺騙過，以至於他們一聽到「業務員」「推銷員」等字詞就十分反感，致使業務員剛介紹自己的時候，他們就會有這樣的反應：

「又是一個業務員，你們這些人能不能離我遠一點？」

「我已經上過一次當了，再想讓我上當，那是不可能的！」

「我朋友已經被這種東西害得夠慘了，難道我會讓自己也惹上這樣的麻煩嗎？」

這些不肖業務員在向客戶提出建議時，昧著良心只想著如何多賺點錢，完全沒考慮到客戶的利益，也因此他們給客戶的建議往往會遭到客戶的反感和厭惡，比如：

● 為了得到更多的收益，教唆客戶購買超出需求的產品。

● 不顧客戶的需求，勸說客戶購買價格昂貴的產品。

● 惡意攻擊競爭對手及競爭對手的產品和服務。

● 以次充好，勸說客戶購買其產品。

這類業務員向客戶提建議時，完全沒有為客戶著想，所提出的建議也是不可行的。他們所提出的建議或多或少都會給客戶帶來一些損失，因此這類業務員終究是會被客戶所拋棄的，只有那些全心全意為客戶著想，考慮客戶需求的業務員才能得到越來越多的客戶。

客戶希望買到最好的產品

既然客戶會對產品的各種條件進行一番權衡，那麼他們在購買產品時，當然希望自己能有一定的選擇空間，以使自己更有彈性地選擇購買哪種產品，這種是折衷心理的重要體現。瞭解客戶的這種心理，當你在向客戶推銷產品時，不妨給他們留下彈性選擇的餘地，讓他們能在更大的空間內進行選擇。比如

多準備幾種不同型號、不同造型、不同品質的產品,當然了,產品的價格也要分不同層次。這樣一來,既可滿足不同客戶的不同需求,又能讓每位客戶都能在一定範圍之內充分選擇,進而滿足客戶的折衷心理。

當然,在把握客戶的折衷心理時,你不僅要把不同種類和特徵的產品一一陳列在客戶面前,同時還要根據自己的觀察和分析,針對不同的客戶需求對客戶提出合理建議。比如,當客戶在面對諸多選擇而猶豫不決時,你若發現客戶更在意產品的品質和價格,就要著重推薦簡單實用的產品;如果客戶在意的是產品的外型,則全力主推造型特別的產品。而在客戶經過自己內心的一番權衡和業務員的合理建議之後,客戶會結合自己的權衡結果及業務員的建議,做出選擇,進而完成交易。

關鍵時刻幫助客戶抉擇

在很多情況下,即使客戶有購買意願,也不喜歡迅速做出決定,這時業務員就應該在關鍵時刻幫客戶抉擇,推動成交進度。客戶猶豫不決有時並不是你的產品不好,而是因為他覺得你和其他家的產品難分伯仲,遲遲下不了決定,這時的你如果不儘快引導客戶做出抉擇,就可能被對方搶了機會。你不妨試著幫客戶做抉擇。

強調產品可能給客戶帶來的利益,讓客戶明白買與不買的結果有什麼差別,才能讓客戶更快付錢買單。如業務員不時提醒客戶「這件產品真的很適合您」、「如果您沒買到這件產

品該是多麼遺憾啊！」、「您完全不用擔心，您購買產品以後，一定會有很多人對你投以羨慕的眼光」等。這些肯定的話語可以在一定程度上堅定客戶的購買意願，助其排除猶豫心理。

適當給客戶一些壓力，如對客戶說「產品數量已經不多」、「還有人打算訂購」或是「優惠活動即將結束」等，能製造緊迫感，促使客戶儘快做出決定。

我們這裡所說的**幫助客戶抉擇**，並非要你替客戶做出決定，你在幫助客戶抉擇時，一定要使用「商量」的口吻，因為肯定句或命令句會使客戶感到不舒服，即使你是對的，客戶可能也不會認同。

銷售中，業務員所說的每句話，其目的都是要說服客戶購買自己的產品，但最不可取的就是對客戶用命令和指示的口吻，因為客戶購買的不只是產品，還希望能買到被尊重和重視的感覺。一旦你讓客戶感覺到他沒有受到尊重，就會引起客戶的反感甚至不滿，這個交易可能也就泡湯了。

當然，並不是每個客戶都對他想要購買的產品有充分的瞭解，這就需要業務員的介紹和建議，然而如果你開口閉口都是「應該這樣」、「不應該那樣」、「應該買這個」、「不應該買這個」，即使你說的是對的，你給客戶的建議也是最適合的，但你強硬的態度反倒是惹來客戶的反感。如此一來，不但賣不出產品，還會把客戶越推越遠。當你向客戶提出建議時，你要知道你所說的只是建議，不是命令，最後的決定權還是握在客戶手中。所以，你要替這些「建議」稍微包裝、美化一下，讓

客戶感受到你的誠意，客戶一定會樂於接受的。

如果你能站在客戶的角度，向他們提出一些可行性的建議，那麼你就不僅是一個業務員，而是進階成為客戶的產品顧問。當客戶開始依賴你，買東西就自動想到你的時候，與客戶長期合作的目標也就達成了，這就是「顧問式銷售」的真締。

此外，如果你感覺到客戶購買的意願已經出現，就一定要勇敢地提出銷售建議。大多數人在決定買與不買之間，都會有猶豫的心態，因為客戶有時真的不是不喜歡，而是需要有考慮的時間，想再確定自己是否真的想要。這時只要敢大膽地提出積極而肯定的要求，營造出不買很可惜的購買環境，客戶的訂單就能順利到手了。

成交的關鍵——價值

　　客戶買的是產品的價值，就像一瓶礦泉水，當它在城市中的便利商店和在沙漠中的價值完全不同，因為金錢正是一種價值交換的媒介。

　　律師幫當事人打贏官司，只說了幾句話，請問律師值多少錢？因為一個人基本上對於一樣產品，會主觀地用價格來判斷其價值，若價格大於價值，客戶就會覺得貴，哪怕很便宜，客戶也不一定會購買，因為他不了解產品的價值；反之，若價值大於價格，客戶就會覺得便宜。

　　報價之前要先塑造產品的價值，我們的價格是否被客戶接受，就看我們能否讓客戶認同我們的價值，當提供的價值大於商品的價格時，客戶自然就願意買單，反之則否。因為當客戶還沒有了解這產品的價值時，不管多少錢客戶都不會覺得這樣產品是便宜的！所以先講產品的價值，後講價格，這樣才會讓客戶覺得物有所值。

　　當客戶與我們討論價格問題的時候，我們首先要有自信，充分說明自家產品的價值、值得購買的理由，以及可以給客戶帶來的諸多利益，以感動行銷或故事行銷，賦予產品高附加價值。在對客戶的好處未充分表達之前，盡量少談價格。過早地

就價格問題與客戶糾纏，往往會被客戶用「買不起」或「太貴了」拒絕！成交的關鍵就在於你如何用價值打動你的客戶。

跨界會產生新價值

做生意，要隨時想供需，需要提供哪些價值？而這些價值又可轉換成價格與獲利。我們可以用跨界創新，賦予你的產品或服務新的價值，還能讓新的目標客群感受到新的價值，願意付出新的價格。像是金門酒廠與霹靂布袋戲跨界合作，聯名推出「38 度金門高粱酒霹靂紀念版」、微軟和大甲媽祖合作，推出大甲媽祖聯名款商品，有「Windows 10 金光保庇家用版」和「鴻運當頭專業版」兩個版本，外包裝有媽祖圖案加持，並加送聯名款御守。透過跨界合作，創造新價值，刺激出新的需求。

有著近百年歷史的雲南白藥也曾遭遇市場被西藥吞噬的危機，它選擇了將中藥應用到材料科學上，把創可貼、牙膏等產品賦予雲南白藥的特殊價值，以比普通牙膏貴三倍的功能性牙膏為賣點，創造了一個產品跨界崛起的奇蹟。當初 iPad 的誕生，從某種意義上來說，也是一種「跨界產品」，它介於筆記本電腦與智慧型手機之間，比筆電更攜帶方便，又比智慧型手機有更好的視覺體驗。跨界不為別的，就是為了經由跨界把產品價值最大化，實現 1+1 等於無限大的效果。讓產品不再是單一屬性，從而吸引更多不同個性和品味的消費者，進而引發新的商機。

華爾街之狼如何賣筆

好萊塢電影《華爾街之狼》的真實主角喬登‧貝爾福（Jordan Belfort），因涉嫌洗錢及詐欺入獄服刑 22 個月，出獄後並沒有重操舊業，而是憑著過人的口才和魅力當起講師，傳授他的獨門銷售術，就是通過一系列事先想好的步驟，從初識客戶到最終賣出產品。他不僅做過企業顧問，談論商業道德或教授他的銷售技巧，靠著出書、演講，收入比從事股票經紀工作時的高峰還要多。

在電影《華爾街之狼》最後一幕，是喬丹成為激勵銷售大師，拿著一支筆去詢問著來聽演講的所有人，要他們賣筆給他那一幕。開頭第一句話，就是拿出一支筆，交給台下的觀眾說：「請將這支筆賣給我」。結果，接連問了三位觀眾，得到的答案，不外乎是「這支筆很好用」、「這支筆很棒」等。電影裡沒告訴你的答案，在他的課程裡，他做了解答：「你應該講的第一句話，就是想辦法創造出客戶新的需求。」

一般業務員會犯的毛病是，一味地吹捧手上的產品有多好，然後滔滔不絕地介紹它的特點和細節。但貝爾福特說，高明的業務員是這樣做的：「在我賣筆給任何人之前，我需要了解他這個人、他有用筆嗎、需要什麼筆、多久用一次、慣用什麼筆、用筆來做什麼、使用筆的時間有多少等。」然後根據他的需求提問。

在 Apple 直營店中，銷售員們賣的不是產品，他們賣的是對生活美好的想像。

他們不說 iPhone6S 有雙核心 A9 晶片，他們說 A9 晶片，讓每一個動作都更快，從瀏覽網頁、到 App、到玩遊戲，全都變快了。他們不說照相功能是 1200 萬像素相片及 4K 影片，而是說有了 iPhone 等於擁有一台可以上網的傻瓜相機，你外出旅行行李就可以少一件了。他們說明的不是功能，而是功能背後所可以給客戶帶來的好處及價值。讓客戶去想像買了這項商品之後的美好及願景。這就是喬丹‧貝爾福在課程中所教授的銷售心法的核心，「去創造客戶的需求」，塑造產品的價值讓客戶難以抗拒，觸動客戶購買的動機，理解了這樣的概念後，你就可以賣任何東西了。

如何賣出一支筆？　Step by Step

華爾街之狼就是拿出一隻筆，教你如何把這隻筆賣掉。一隻筆無論你再強調這隻筆品質如何地好，還是賣不掉，但是如果這隻筆有別的功能，它有跨到別的領域的功能呢，它就能賣得掉了。我去美國上銷售課，華爾街之狼教的絕招就是跨界，就是如果我們這個領域的東西還具有別的領域的功能，你就能賺大錢。就像我現在把出版轉化成媒體，因為每個人都需要宣傳，不管是宣傳你的產品、你的服務、你的公司、還是你自己，出版班以前只是出書，我現在把出版班變成自媒體養成班，它可以去宣揚你想要宣揚的東西。

以下是如何賣出一隻筆的步驟，列點如下：

1. 站在對方立場思考

2. 找出商品特色

3. 顧客的需求為何？

4. 商品的好處在哪兒？

5. 科學依據，權威認證與實績

6. 見證與顧客的好評

7. 無意間透露的心聲

8. 設計一個故事 about＿＿＿＿＿＿

9. 追加其他好處與利益

10. 明確商品保固與售後服務

1 找出商品特色

首先條列出商品的特色。以下第一點就是關鍵，滾輪式按摩棒，這就是《華爾街之狼》的真實主角喬登‧貝爾福賣出一隻筆的方法。他說這隻筆有特殊設計可以按摩，我在美國真的有買了一隻，我發現它按摩的效果不是很好，但騷癢的效果倒是不錯。他的意思是你不管做哪一行哪一業你要去跨界，為你的產品增加價值，你如果不跨界，別人就會跨到你的領域把你原本的業務、生意給搶走。以下他所列的商品特色，除了第一點強調按摩棒，其他的都是筆和筆之間的競爭，你在高級筆領域有的特色，你的競爭對手也一樣拿得出來。但如果有一隻筆除了有高級筆應有的功能及特色，它還具備其他領域的功能，那它就絕對勝出了。

★滾輪為鐳銠合金超細微粒精製，空筆（不置墨水）時可

作為滾輪式按摩棒使用。

★輕微用力即可順暢書寫

★高密度油性墨水字跡清晰

★高質感花紋筆桿，有 3 種顏色選擇：青銅灰、香檳金、葡萄紅

★筆握為可吸收衝擊力的硬質天然橡膠

★筆球直徑有 5 種獨家選擇：0.4mm, 0.6mm, 0.8mm, 1mm, 1.2mm

★每套價格只要新台幣 1980 元，CP 值極高！

② 顧客的需求為何？

再來分析顧客對這隻筆的需求會有哪些？如：

★對局部按摩有興趣的上班族們

★想要不費力而流利且穩定的書寫者

★希望字跡清晰者

★想提振精神狀態消除慢性疲勞的人

★想舒緩僵硬頸肩並改善鬱悶與壓力者

③ 商品的好處在哪裡？

這是銷售的關鍵，你不管賣什麼，你要明確告訴你的客戶好處在哪裡？你千萬不要做客戶聽不懂的商品簡介。你要明確告訴客戶好處在哪裡。

★功能性好處：隨時按摩、鬆弛肌肉、促進代謝與循環、

預防疾病、可減肥並瘦臉……

★情緒性好處：自我療癒、消除疲勞與壓力、提升工作效率、去除僵硬轉換心情、身心靈都可以更健康！

④ 科學依據，權威認證與實績

你的介紹要有科學的依據、權威的認證，最好還要有實際的績效。

★按摩滾輪為鐳鍺合金超細微粒精製，表面包覆特殊矽膠，具有遠紅外線效果，可滲透入人體深層細胞，增強免疫力與血液循環之效果。

★已購買者對問卷調查之回覆，非常滿意達 82%，滿意者為 16%，合計達 98%！

★預防醫學權威專家李大炮驗證此商品對身體健康之效果超過天然麥飯石！「大部分慢性病患者，都是因為體質過寒。而鐳、鍺等元素可幫助體內深層的暖化，可有效改善寒性體質，對神經痛與過敏等慢性症狀，可有效舒緩或改善。」，此即為「權威見證」法。

⑤ 見證與顧客的好評

永遠不要忘了，你賣任何東西都要有見證，找不到名人見證，你可以找灰姑娘見證，素人見證或親朋好友來見證。

例如：我一直在尋找這樣一種商品。本來還以為只是一個玩具，沒想到按摩滾輪這麼有效！每當寒流來襲，我用筆的另

一頭全身按摩，身體也就暖和起來，疲勞也消除了。每當客戶看到我在用這支筆時，往往都會發出「這是什麼東西啊」的讚嘆！很多時候，光靠這支筆，就能順利與潛在客戶打開話匣子呢！

（張永超先生，32 歲，南山人壽光華通訊處保險業務員）

⑥ 設計一個故事

你要去說一個故事，設計一個關於這隻筆的故事，或者是關於這隻筆的公司的創辦人的故事或是關於這隻筆的發明人的故事，或是有人買了這隻筆後改善了他的健康的故事。

例如：

★我喜歡按摩！但上班時總是不好意思明目張膽地拿出按摩器具，但這只是一支筆，就能大大方方地使用了。（笑……）

★用按摩滾輪沿著頸部淋巴腺來回滾動，就可以消除僵硬，對臉部肌肉的緊實也很有效喔！

（齊可惠小姐，27 歲，第一銀行興雅分行理專）

⑦ 追加其他好處與利益

★本產品採用低黏度環保墨水，書寫時將會感受到前所未有的順暢。且墨水顏色密度是一般筆的 3 倍！因此字跡完全不會模糊。

★筆握材質為可吸收衝擊力的橡膠，彈性適中可帶給手指

舒適的掌握感。

⑧ 明確商品保固與售後服務

這是賣東西的基本流程，你一定要承諾保固及售後服務，要不然客戶是不會放心購買的。

通常低價商品可不必明確保證，只須符合法令與一般商業規範即可。但一支筆賣 1980 元，明確寫上保固期限：例如 2 年內免費維修與退換貨，可以更襯托出商品的不凡價值。

例如聲明：「本公司對於商品的製造、保存、運送等流程均嚴格把關！但萬一商品有瑕疵，可隨時與我們連絡。退換貨之運費，均由本公司負擔。」

⑨ 一言以蔽之

一言以蔽之，是成交的話術，你一定要練習用一句話來說出你的產品的好處和優點。

★居然可以用原子筆來放鬆吧！

★一支筆就可以享受極致樂趣！

★拯救上班族的終極文具，終於出現了。

★前端工作，後端休息。

★可以鬆弛肌肉的革命性原子筆。

★書寫也好，按摩也好……

★放在口袋裡的書寫按摩器。

★筆的革命！

★從未有過如此滑順的舒寫享受。

★寫到上癮了！

★真沒想到，我居然變成了筆記大王。

★這滑順的運筆手感，真是太不可思議了。

1支可做筆記又能紓壓的超強原子筆

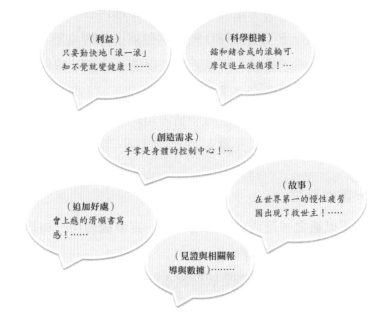

（利益）
只要勤快地「滾一滾」
知不覺就變健康！……

（科學根據）
鏑和鍺合成的滾輪可
摩促進血液循環！…

（創造需求）
手掌是身體的控制中心！…

（故事）
在世界第一的慢性疲勞
國出現了救世主！……

（追加好處）
會上癮的滑順書寫
感！……

（見證與相關報
導與數據）………

CHAPTER 5

成交第**4**步
化解抗拒，處理顧客異議

SECRET
OF THE
DEAL

嫌貨才是買貨人

全球第一位一年賣出 10 億美元保單的業務員喬・康多夫曾說：「銷售有 98% 是對人的瞭解，2% 是對產品的瞭解。」所以說對人的瞭解決定 98% 成交機率，成交的關鍵就在於「人」。很多時候，交易的達成並不是靠業務員詳盡的產品介紹，而是在於業務員對客戶異議的解決。

房仲員都知道那些老是愛東嫌西、意見一堆的人，才是想買房子的人，往往是因為在意才會問很多，因為是要住一輩子，所以才仔細挑，怕自己買了後悔，這些挑剔的前提都是因為顧客心裡有想買的意願。

其實，業務員要明白，嫌貨才是買貨人。賣賓士車的超級業務員陳進順指出，那些一進門就對賓士車讚不絕口的人，通常不是準客戶，「什麼都說 Yes，最後一定是說 No。」反而是不斷嫌棄賓士沒有 GPS 和車用電視的人，其實是為接下來的殺價預先鋪梗，「嫌貨才是買貨人」。所以說客戶提出異議並不代表不想買，反而這點才是他們想購買的前提，他們提出的異議往往是雙方達成交易的突破點。所以你必須在短時間之內判斷客戶喜歡、在意什麼，跟他聊什麼可以引發共鳴，從交談中洞悉他心裡真正的想法。只要化解了客戶的異議，與客戶

達成交易就是自然而然的事情了。

雖然客戶說「不合適」，但顯然還是有心買，否則他也不會詢問業務員相關細節，並且徵求旁人的意見。只要抓住這一細節，就可以明白客戶的態度，從而促成交易。即便客戶說話前先在大腦裡進行了一番修飾，出口的語言也帶著內心的某種資訊，常常是話裡有話。這就要看業務員會不會聽，能不能聽出客戶語言中的細節變化了。

「據我了解，這件產品好像並沒有像你說的那樣熱銷。」「這種款式的衣服好像已經不是新款了。」客戶說這樣的話其實是想降低產品的價值，以便能以更低的價格買下。這時業務員不能慌亂，反而要強調產品的優勢和客戶能得到的利益，維護產品的價值和形象，不能輕易讓步給客戶。

「我還是到別處看看吧！」「似乎我在那家看到的產品更適合我。」這是客戶想從業務員那裡得到更多優惠，也希望業務員能再釋放利多，好留住自己。

「我們同事也買了一套類似的產品，我們出遊的時候還一起用過。」這表明客戶想向業務員說：「我很了解產品，你最好不要在我面前耍什麼花樣。」

嫌貨才是買貨人，客戶如果真的對產品不感興趣，也沒有必要浪費時間和口舌與你周旋。如果客戶和你有話可說，並且你們已經進入一種類似談判的局面，那麼你就不必擔心客戶會離開。認真傾聽客戶的語言，分析其中的細節，讀懂客戶話裡的潛在意思，你就能更有效地掌握客戶心理，見招拆招。

了解客戶提出異議的原因

為了更有效地化解客戶的異議，促進交易的達成，業務員在面對客戶提出的異議時，要做到以下幾點：

在銷售過程中，其實客戶對所要購買的產品或服務都存在著或多或少的異議，都習慣用懷疑的眼光來看待業務員的說法。無論是品質還是價格，客戶總是會找到他們不滿意的地方，經常會提出「產品品質真的那麼好嗎？」「價格為什麼這麼貴？」等諸如此類的疑問。業務員只有多了解、分析客戶的心理，找出客戶產生異議的原因，用自己的真誠和耐心去化解客戶的異議，才有辦法促成交易的達成。

雖然在銷售過程中客戶產生異議的原因各式各樣，但一般情況下，可以分為以下幾個方面：

1. 擔心產品品質：為了滿足自己的需求，客戶最關心的就是產品的品質，經常會針對產品的品質提出質疑或異議。

2. 認為價格不合理：價格是客戶在購買產品時一定要考慮的因素，客戶有時會覺得產品的價格太高，讓人難以接受，有時又會因為產品價格太低而對品質產生懷疑。

3. 擔心產品的售後服務：客戶在購買產品後，由於擔心產品的品質問題會要求相應的售後服務，可能是自己的親身經歷或是從親朋好友那裡得到的經驗，使得他們會擔心買到產品後不能享受相應的售後服務，從而提出質疑。

4. 對公司不信任：客戶在剛剛接觸一個新的公司時，由於對該公司的產品和業務人員不熟悉，有時候，客戶對產品產生

異議，並不是對產品本身有質疑，而是對公司或其業務人員尚未產生信賴感所致。

5. 客戶存在消極心理：客戶在購買產品時，可能會存在一些消極心理，阻礙銷售的順利進行。例如，客戶的購買經驗及習慣與業務員的銷售方式不一致、客戶情緒不佳或心情不好、受隨同人員如家人朋友的影響、對產品完全陌生或是曾聽說過對產品不好的評價等，這些都會使客戶產生消極心理，對產品提出異議。

6. 受其他因素的影響：如果客戶在網上搜尋到了不利的信息或是聽從了別人的勸告，或找到了更合適的產品，他們的決定也許會發生變化，可能今天還向業務員表示要購買產品，明天卻突然說要取消交易，成交與否往往隔了一夜就會產生變化。

客戶的抗拒點有一半以上都是假的

客戶異議，也就是抗拒點，是指在銷售過程中客戶對業務員說法的不贊同、向業務員提出質疑或拒絕的言行。

業務員經常會遇到的異議五花八門，這些抗拒表面上會阻礙銷售的順利進行。每個業務員在遇到客戶的異議時，都會盡最大的努力幫助客戶解決問題，化解這些異議，但並不是每回都能取得滿意的結果。有時即使業務員再努力，仍然得不到客戶的認同，達不到共識以完成交易。

一般情況下，客戶的異議分為兩種：

真異議：真異議包括客戶對業務員的產品抱有偏見、很不滿意，或者現在沒有購買的需要，或者客戶曾經使用過或聽過這種產品的負面訊息，有過關於產品不好的體驗或經歷。

假異議：假異議主要指客戶用一些藉口來敷衍業務員，從而達到自己的目的。根據客戶的目的，假異議可以分為兩類：一類是客戶對產品或服務沒有太大興趣，只是為了不想繼續，企圖打發走業務員；另一類被稱為「隱藏的異議」，是客戶為了混淆業務員的視聽，讓業務員做出讓步，而對產品的款式、顏色或品質提出異議，以達到降價的目的。

「顧客的反駁，62% 是謊言。」想要成功銷售，就要識破對方的「No」！據統計客戶的反駁或抗拒，對你說「No」時，有 62% 是假的（暫時的？）。所以，當對方對你的產品或服務提出什麼問題，或是提出他覺得哪裡不好的質疑時，恭喜你成交在望了。因為嫌貨人才是買貨人。你就是要多讓客戶說出他的想法，這樣你才有機會成交，若是他什麼都不說，那就真的無望了。舉賣房子來說，如果客戶願意跟你去看房子，對你介紹的房子東挑西撿的，挑剔地說這樣不好……那裡不好，那這個人就是最可能跟你買的人。那種根本不去看房子的人不可能會買；那種看了房子後，一句話也沒表示的人，也不會買。你可以反過來，用問題引導對方說出真正的需求。試著重述對方的話，找出問題突破點。

如果客戶說：「這個手機的設計沒什麼特色，我不是很有興趣。」聽這樣的抱怨，如果你回答「這樣啊」「真是不好意思」，雙方的對話就結束了。其實碰到這種情況，你只要緊接著說出和顧客一樣的話就好，先接受對方的不滿，再用相同的話回覆說你這個問題問得好「反擊提問」，就能找到解決問題的突破點。你可以這樣回答：「原來如此，我知道了。那您可以說明一下，您想要的『設計有特色』的機種大概是什麼樣子呢？」或許你就能從他的回答中找到突破口，判斷出客戶的異議屬於以上哪種情況，然後再根據實際情況採取正確的銷售手法，找到恰當的解決辦法，增加成交的機會。

判斷客戶異議的真假

以下要點有助於業務員判斷客戶異議的真假：

➤ **認真傾聽客戶的異議：**業務員要集中精神仔細傾聽客戶的異議，從中尋找隱藏的玄機，根據自己平時累積的知識和經驗判斷客戶異議的真假。

➤ **仔細觀察客戶的神態：**客戶的神態會反映出他們的真實想法，有時在業務員介紹產品的過程中，客戶會翻出手機不停地看時間，不斷地變換坐姿，或者是陷入一種無意識的狀態，想自己的事情，對業務員的話不做任何反應……通常這種時候，客戶提出的異議一般都是假異議，業務員不必太在意，可以和客戶再約另外的時間進行訪談。

➤ **及時向客戶提出詢問：**業務員要善於提問，用開放式問句引導客戶，讓其說出異議產生的真正原因。這時可以直接向客戶詢問，請求客戶的解答，也可以採用間接詢問的方式，在溝通中有意強調一些話題，透過對客戶語言、舉止、表情等方面分析判斷客戶異議的真假。

➤ **留意客戶聽完解答後的反應：**如果客戶在聽完業務員的解答後還是不能下決定購買，那麼通常有兩種可能：一是客戶根本就不想買；二是業務員的解答還是不能令客戶滿意。這時，業務員就要對症下藥了，對於第一種情況，業務員要付出更多的真誠和耐心，若是第二種情況，則需要業務員從自己身上找原因，尋找出一種更適合客戶的解答方法與解決方案。

雖然「奧客」通常不受業務員歡迎，卻往往是朋友買東西的意見領袖，因為既會殺價又會拗東西，只要好好對待，你的服務讓他滿意，他還能再替你吸引更多客源進來。

有些「**奧客**」，通常是一進門趾高氣昂，直接嗆：「你的底價是多少，要送什麼東西，直接講比較快啦。」其實這種「奧客」，只要你服務得令他滿意，他就會是你的「好客」。

在遭到客戶刁難時，業務員應保持一顆平常心，不驕不躁，只要拿出真誠的態度終能打開客戶的心結，只要你的服務能滿足他，他就不容易變心，成為你的死忠客，因為其他業務員很難令他滿意。面對這種「內行客」，一定要用加倍的專業和熱情去服務。確認顧客真正的抗拒點並測試成交，若被拒絕，也能順便探求出真正的抗拒點。但很多業務員卻不是這樣做，通常是如果判斷這個客戶只是來比價的，就不願花太多心思去服務。其實面對這樣的客戶只要設法軟化他的心防，問他知不知道某項特殊功能，細心講解客戶可能忽略未提的細節，然後請客戶坐下來喝杯咖啡，再好好地聊一聊，通常最後就能順利簽約。

 ## 處理客戶異議的方法

客戶拒絕購買產品，並不意味著他真的不會買。當你察覺到客戶有一些顧慮而不願意說出口的時候，就應該引導和鼓勵客戶說出自己期望的產品特徵和成交條件，有的放矢地為客戶解決問題，使自己在談判中掌握主導權，這樣談及價格時才能

占據有利地位。

總的來說,常見的處理異議的方法有以下幾種:

1 以優補劣法

以優補劣法是指業務員用產品的優點來抵消和彌補它的某種缺點,以促成客戶購買的意願。某些時候,客戶提出的異議正好是業務員提供的產品或服務的缺陷,遇到這種情況時,業務員千萬不能回避或直接否定,而應該肯定客戶提出的缺點,然後淡化處理,利用產品的其他優點來補償甚至抵消這些缺點,讓客戶在心理上獲得補償,取得心理平衡。

2 讓步處理法

讓步處理法即業務員根據有關事實和理由來間接否定客戶的意見。採用這種方法時,業務員要先向客戶做出一定讓步,承認客戶的看法有一定的道理,然後再說出自己的看法。這樣可以減少客戶的反抗情緒,也容易被客戶接受。

3 轉化意見法

轉化意見法是指業務員利用客戶的反對意見本身來處理客戶異議的一種方法,即所謂「以彼之矛,攻彼之盾」是也。有時候,客戶的反對意見具有雙重屬性,它既是交易的障礙,同時又是很好的成交機會。你應該學會利用其中的積極與正面的因素去抵制消極與負面的因素,用客戶自身的觀點化解客戶的

異議。這種方法適用於客戶並不十分堅持的異議，特別是客戶的一些藉口，但是在使用此種話術時，一定要留意禮貌，不能讓客戶下不了台。

4 詢問客戶法

詢問客戶法是指業務員在面對客戶的反對意見時，透過運用「為何」、「如何」、「難道」等詞語根據必要的情況反問客戶的一種處理方法。透過向客戶反問，讓客戶說出他們真正的看法，從中獲得更多的回饋資訊，並找到客戶異議的真實根源，從而把攻守形勢反轉過來。使用這種方法時雖然要及時追問客戶，但也要注意適可而止，不能對客戶死纏爛打、刨根問底，以免冒犯客戶。

5 直接否定法

直接否定法是指業務員根據有關事實和理由直接否定客戶異議的一種處理方法。在遇到客戶對企業的服務、產品有所懷疑或者客戶引用的資料不正確時，業務員可直接向客戶解釋，加強客戶對服務或產品的信心與信任。這種方法容易使氣氛僵化，不利於客戶接納業務員的意見，應盡量避免或少用。必須使用這種方法時，一定要讓客戶明白，否定的只是客戶對產品的意見，而不是他本人，在表述時，語氣要柔和、委婉，維護客戶的自尊心，絕不能讓客戶以為業務員是有意與他爭辯。

6 忽視處理法

忽視處理法是業務員故意不理睬客戶異議的一種處理方法。對於客戶提出的一些無關緊要的細節問題或是故意的刁難，業務員可以不予理睬，轉而討論自己要說的問題，例如可以用「您說的有道理，但是我們還是先來談談⋯⋯」等語句。在使用這種方法時一定要謹慎，不要讓客戶覺得自己不被尊重，從而產生反感，阻礙銷售的進行。

銷售的過程實際上就是業務員處理客戶異議的過程。業務員要重視對客戶異議的處理，消除成交障礙，這樣才能讓銷售過程暢通無阻。

習慣客戶的拒絕

　　被稱為「全球第一金牌業務員」的雷德曼曾指出,「推銷,從被拒絕時開始」。一個業務員如果從來沒有過被拒絕的經歷,那他就不能算是一個真正的業務員。在業務員的銷售生涯中,會遇到無數次的拒絕,面對客戶拒絕時,就應該接受而不是去抗拒,讓自己融入被拒絕的常態,接納客戶的拒絕。

　　一般情況下,人們對於不熟悉的東西最直接的反應就是拒絕,銷售過程中也是如此。在面對不了解的產品、不熟悉的業務員時,拒絕就是很正常的習慣性反應。業務員被客戶拒絕時,應該以平常心面對,習慣這種狀態。其實,我們可以站在對方的立場著想,假設有人突然走進你家,要向你推銷產品,拒絕對方似乎也是理所當然的事,因為每個人都有權利做自我保護。所以,吃再多閉門羹也不必太在意,畢竟對方只是在拒絕推銷這件事,而不是拒絕你這個人。

　　對於業務員來說,遭到拒絕並不可怕,可怕的是你沒有堅持下去的決心和動力。所以你要不斷暗示自己,被拒絕的過程其實就是一種成長,用從容的氣度和廣闊的胸懷迎接這個過程。業務員只有在經歷被客戶多次拒絕之後,才能漸漸適應,並逐漸學會從容應對。

　　高價產品例如房仲業務尤其必須面對許多拒絕，客戶可能會提出對公司的疑問，也會質疑房仲經紀人的銷售能力。有時甚至是持續拜訪七、八次卻還是徒勞無功，但優秀且具熱忱的業務員還是會再接再勵，持續拜訪，因為堅持到最後的業務員，才有可能得到屋主的售屋委託。

　　即使客戶拒絕了你的產品，沒有與你達成交易，也要展現你的風度與專業，給客戶留下一個好印象，為以後的合作打好基礎。

　　據統計，顧客為什麼還不向你買的原因不外乎——

★沒錢

★有錢卻捨不得花

★認為可能別處會較便宜

★不想向你買

★認為價值還不夠

★認為沒有急迫性

★想買別家的產品

★痛苦還不夠！（這時，就要在其傷口上灑鹽）

★不信任你

　　想想看，是否有多次生意是在你第一、二次都遭到拒絕，而終於在第三、四次拜訪時談成的？如果你能用誠意敲開客戶的心扉，反而更能與客戶拉近距離。

　　曾經有位資深的超級業務員說過一句至理名言：「把『吃閉門羹』這件事轉變成客戶所背負的人情債。」所以，在這

個行業工作那麼多年，他都能坦然地面對拒絕。有很多客戶都以「現在用不上，很抱歉！」這些話來拒絕你。客戶所要傳遞給你的訊息是，我家中現在還用不著你的產品，不必浪費時間了，快到下一家去碰運氣吧！如果你能以感激的心情來解讀這些冷漠的拒絕，你就不會有那麼深的挫折感了；反而因你的誠意，對對方的冷漠回報以二、三次的友誼性拜訪，而喚起客戶的欲求，進而得到一次成功的交易。同時，你懷抱著感激的心，會讓客戶感受到你親切有禮的態度及誠心。

你可以針對客戶會拒絕的說詞，設計一套對付客戶拒絕的話術。當客戶說：「我得和先生商量看看，如果我擅自作主的話，會被先生責罵的。」你可以回答：「哎呀！對啊！如果為了這件事讓你們夫妻傷和氣的話，那就不好意思了，那不如你們先商量看看，改天我再來拜訪。」如此一來，雙方彼此都能有緩和的空間。

不過，並非所有的客戶都是真的必須和先生商量，有的只是敷衍、應付你的客套話而已，因此，你必須學著分辨這兩種口氣，而將客戶拒絕的話加以分類區別，將其真偽程度判斷出來，再決定要如何回答。所以，真的、假的、還是暫時的，要用你的智慧來判別。

例如，剛出道的業務員，面對客戶一說沒錢時，就只好回答：「那下次有機會再說了！」或「不管怎樣，還是希望你能好好考慮考慮！」這樣的應對，根本不太可能談成任何交易。而老練的業務員就不同了。對方如果說「沒錢」他就會立刻接

口「您真愛開玩笑，您沒有錢，那誰還有錢呢？」或當客戶說「考慮看看」他就會答道：「那我明天再來打擾您，等待您的好消息。」如此逼進，客戶當然無法招架。

此外，絕不能對客戶說：「你都看這麼久了……」、「快做決定吧」之類的話語，以免引起反效果。也不能說「我不知道，這不是我負責的」，這會讓人覺得你很不專業。

以下是客戶最常用的拒絕話術，業務員的積極破解法：

✓ **我沒興趣**。業務員可以這樣回應：「我完全能理解，如果勉強您對還不甚清楚的產品（或服務）感興趣實在是強人所難。可以讓我為您解說一下嗎？或是可以改約下週一我再來拜訪您，親自為您示範一次。」

➤ **我沒時間！**業務員可以這樣回應：「我也是常常覺得時間不夠用。但希望你能給我三分鐘，你就會相信，這個產品絕對能帶給你料想不到的利益。」

➤ **抱歉，我沒有錢！**業務員可以這樣說：「我相信只有您自己才最了解自己的財務狀況。不過，就是要及早規劃如何投資小錢，將來才不會一直處在沒有閒錢的狀態。我想用最少的資金創造最大的利潤，這不是對未來的最好保障嗎？我方便先留下資料，下週再跟您約見面的時間嗎？」

➤ **我有空再跟你聯絡！**業務員可以這樣說：「也許您目前對我們的產品不會有什麼太大的需求，但是我還是很樂意讓您了解，要是能考慮使用這項產品，對於您將會大有裨益！」

➤ **我要先好好想想（我再考慮考慮，下星期給你電話）**。業務

員可以這樣說：「我可以知道您的顧慮是什麼嗎？」或回應：

「歡迎您來電話，先生。還是我星期三下午撥電話給您？」

➤ **我要先跟我太太商量一下**。業務員可以這樣回應：「好的，
那可不可以約夫人一起，我可以親自再為夫人說明？要不要
就約在這個週末，或者您哪一天方便呢？」

類似的拒絕還有很多，但處理的方法其實還是一樣，就是
要把拒絕轉化為肯定，讓客戶拒絕的意願動搖，然後再乘機跟
進，誘使客戶接受自己的建議。

客戶各種不購買、不下單的理由，都是業務員磨練的大好
機會。

在與客戶交談時，業務員最苦惱的不是直接拒絕的客戶，
而是那些以各種藉口表示拒絕的客戶，因為這種客戶向業務員
拋出了一個煙霧彈，如果無法穿過重重迷霧洞悉客戶的真實意
圖，那麼這筆生意也就談不成了。

如果你希望自己的工作不被客戶的藉口影響，就應該掌握
銷售的主動權，引導客戶做出有利於銷售成功的決定，不給客
戶找藉口的機會。

很多時候，不是客戶不需要你的產品，而是你的工作做得
不到位。客戶的藉口就像是變色龍的偽裝，而你就要練就一雙
慧眼，識破客戶的藉口，並找到客戶拒絕的真正原因，就有機
會取得成功的銷售。

安妮在知道客戶只聽說過自家公司的大名，但卻沒有使

用過公司任何產品的情況下，再次與客戶確認道：「也就是說，您只聽說過我們公司，但從未使用過我們公司的產品，是嗎？」

客戶：「對，是的。」

安妮：「這是為什麼呢？」

客戶：「嗯，這個……因為你們公司離這裡太遠了，我想可能會不方便。」

安妮：「這是唯一的原因嗎？沒有其他方面的原因了嗎？」

客戶：「嗯……我想是的。這個……因為你們的產品口碑還不錯。」

安妮：「這麼說，只要我們能夠保證及時交貨，是否有合作的機會呢？」

客戶：「嗯……應該是這樣的吧。」

客戶不願表明自己的想法，一定是有原因的，你要仔細觀察客戶的表情，揣測客戶心理，巧妙地瞭解客戶的需求，而不是毫無禮貌地去盤問客戶不購買的原因。案例中的安妮用幾個問題就得到客戶的顧慮，而這些顧慮是客戶之前不願意說出口的。當安妮知道客戶的顧慮之後，還很及時提出解決方案，因此，交易就很有可能會達成。

在實際的工作中我們常會遇到這樣的狀況，你還沒開口介紹產品就已被客戶擋了回來，**「我不需要」、「我很忙」、「改天吧」，其實這些理由只是客戶不想與你交易的藉口。**如果你想讓客戶談論他的需求，但又怕客戶心生排斥，就是要營造氣

氛和環境讓客戶主動聊起自己的內心世界就行了。一旦客戶開始思考這些事，就能以比較輕鬆的心情聊起自己的經驗與產品需求；更重要的是，他們會覺得說出這些事是自己的意思，因而沒理由覺得反感或抗拒。

　　我相信沒有一個業務員不曾被客戶拒絕的，對於客戶所提出的反對問題，**我們可以把它視為客戶「關心的領域」**，根據我的經驗，「錢、效果和時間」是客戶內心真正的三大「關心的領域」，但最後你會發現最終會歸到只有一個「關心的領域」，那就是錢的問題，而錢對於客戶來說只是意願和決心的問題罷了。本書中，我會針對業務員最常遇到的客戶拒絕藉口、客戶的異議（客戶最常拒絕你的話）整理出來，並寫出如何回應，當然，破解之道和話術有很多種，我提供的不一定是最好的或最適合你，你可以自行設計一套破解之道和話術，只要能解決客戶關心的領域就是好方法。

客戶說：我不需要！

　　在實際的銷售中，客戶經常用「我不需要」來擺脫業務員。而面對客戶的「不需要」，有很多業務員往往會選擇主動放棄，因為他們認為既然客戶不需要，介紹也是徒勞。其實這樣的想法並不完全正確，客戶的「不需要」往往就是拒絕的藉口。如果你能從客戶那裡找到拒絕的真正原因，再加以引導，還是有可能談成交易。那麼，面對客戶的「不需要」時，業務員應該怎樣應對呢？

　　當客戶表示「不需要」的時候，可能隱藏了拒絕購買的真正原因。你可以主動詢問客戶不想買的真正原因。比如，你可以問「您是不是還有其他的考量呢？」、「您對我們的產品有什麼不滿意的地方嗎？」如果客戶能說出自己拒絕的真正原因，就能節省不少時間和心力。

　　客戶說「不需要」，很可能是對產品及業務員存有戒心。因為面對不瞭解的產品和生疏的業務員，人們往往不想接觸也不想多費唇舌。對銷售環境感到陌生，就有可能成為客戶拒絕的原因。

　　當你與客戶溝通時，最好使用較溫和的語氣，事事多為客戶考慮，以拉近自己與客戶之間的距離，幫助客戶消除陌生

感。例如，當客戶以「不需要」為由，拒絕你推薦的服裝時，你可以說：「您是在擔心這件衣服不適合您嗎？其實您是多慮了，您穿上這件衣服，您身邊的朋友一定會讚不絕口的。」只要你營造出一個親切、和諧的銷售氛圍，感染客戶主動參與，就能讓銷售工作進一步地開展下去。

事實上，「我不需要！」這句話的背後是客戶在暗示你，為何我現在就需要你提供的產品或服務？

這時業務員可以這樣說：「我了解你的意思，你知道嗎？這世界上有很多業務員對他們的產品很有信心，他們也有很多理由說服你購買他們的產品，當然你可以對他們說不，但是對我而言，沒有人可以拒絕我，因為你拒絕的不是我，而是在對你未來美好的生活和財富說『不』！如果你有一個非常好的產品，客戶又非常的需要，你會不會因為客戶一點小小的問題而不提供給他？我相信你一定不會，同樣的，我也不會。」而接下來你所要做的，還是要持續建立彼此的信任感和了解客戶真正的需求，才能打動客戶的心。

有時客戶會不好意思當下馬上拒絕你，反而給你一個機會介紹你的產品，當你介紹完產品或服務時，他會告訴你：「不好意思！我不需要！」這時你也可以用以上的說法與客戶溝通。

如果是還沒來得及介紹產品或服務就被客戶拒絕，你可以說：「今天我不是來銷售任何產品給你的，如果產品的價值能解決你的問題，得到你預期的結果，你希望我什麼時候跟您介

紹呢？」

 客戶說：先寄資料！若有需要我再跟你聯絡！

有一些客戶通常喜歡說：「先寄資料，有需要的話我再聯繫你」，此時的客戶是在暗示你，我現在在忙，為何一定要先跟你見面？

業務員可以這樣回應：「我了解您的意思，請問您是要『郵差送』還『我親自送』？您知道嗎？我們的資料都是精心設計的，必須配合我的解說，所以我就是最好的資料，為了節省您的時間，最好的辦法就是看您哪一天有空，只要十五分鐘，您就可以發現透過我提出的解決方案可以解決貴公司哪些問題，對您來說只有好處沒有損失，不知您下星期一或星期二哪一天有空呢？」

基本上，寄資料給客戶還是盡量避免。除非不得已，否則還是盡可能跟客戶見面談，因為寄出去之後根據我的經驗，大部分都是石沈大海。如果你要寄資料，當你寄出資料後二十四小時內，你一定要確認對方是否有收到，並想辦法與約客戶見面。

客戶說：我再考慮一下！

　　我想很多業務員都曾遇過這樣的客戶，在你為他介紹了產品或服務的大致情況後，他仍然沒有購買的意思，詢問之下，也只是拋出一句「我再考慮考慮」，讓你心涼了一半。其實客戶說出「考慮考慮」的原因很多，可能是因產品不符合自己的期待，也可能是對價格不滿意，甚至是對洽談氛圍不滿意。很多業務員覺得，當客戶說出「考慮考慮」時就代表著銷售活動的終結，其實不然，如果你能留住客戶，再多問幾句，深入了解原因，還是有機會成交。

別被客戶的考慮看看給騙了

　　以下這個案例將告訴你如何應對客戶的「考慮考慮」：

　　安真是一名汽車業務員。一天，一位男士走進安真的賣場，準備挑選一輛轎車，安真負責接待他。經過一番挑選後，這位男士選定了一輛黑色的轎車。起初，客戶對黑色的轎車非常感興趣，並稱讚車內的配置與功能很好，但是當安真對這輛轎車做了相當多的介紹之後，客戶的態度卻開始冷淡下來，遲遲沒有要成交的意思。

　　安真：「我相信這輛車很適合您這樣的高端商務人士。有

一輛漂亮的車代步，無論去哪裡都會非常方便。而且這輛車的
性能很好，絕對是高品質的產品，可以說是物超所值。不知您
遲遲未做出決定是什麼原因呢？」

　　客戶：「沒有原因，我只是想再考慮考慮而已，沒有什麼
特別的原因。」

　　安真：「這樣啊，但是您一定是在為某件事而擔心對嗎？
如果您有什麼顧慮的話，儘管說出來，也許我能幫上忙。」

　　客戶：「真的沒有什麼擔心的事情，我只是想再考慮一下，
給自己一個思考的時間。」

　　安真：「作為一名業務員，我想我應該要瞭解您對產品的
不滿意和擔心之處，這是我們的責任，而且我也真心希望能為
您解答。是不是您能說出您的顧慮，這樣我才能幫您解決啊。
您說是嗎？您對產品有什麼不滿意的地方嗎？」

　　客戶：「好吧，我是覺得這輛車的價格有點偏高。」

　　安真：「很高興您能說出您心中的疑問，我也正在想您是
不是在擔心價格的問題。」

　　客戶：「對，這輛車的價格太貴了。在我看來，似乎不需
要這麼高的價格，因為我問過同等級別的牌子之車的價格，他
們的價格都沒有你們的高。」

　　安真：「可能和其他廠牌相比，這輛車的價格是有點兒
高，這是因為這款車的品質和性能優越，關於這方面，我想您
也是認可的，『一分價錢一分貨』的道理您一定比我明白。我
們也承認我們的價錢的確相對較高，但是我們的銷售不僅僅是

產品，更重要的是，我們更注重品牌價值與售後服務，如果您在使用中出現什麼問題，我們都會為您服務到家，替您省去很多麻煩，您一次購買，就能享受到我們的終身服務，如果您仔細想一想，就會發現在我們這裡買車是相當值得的。您覺得呢？」

客戶：「你說的似乎也有道理。那好吧，就買這輛了。」

安真：「好。如果您現在購買的話，只需要兩天的時間就可以交車了。那麼，要麻煩您到前面的櫃台辦一下手續，這邊請。」

案例中的業務員做得很好，當客戶說需要考慮的時候，她並沒有主動結束交易，而是引導客戶說出他猶豫的原因，儘量給客戶說話的空間。當發現影響成交的因素之後，就能向客戶即時做出合理的解釋。世界潛能大師安東尼・羅賓（Anthony Robbins）曾遇過一位在充分瞭解過產品資訊之後，仍不願購買產品的客戶。於是安東尼對這位客戶說：「您不買我的產品，一定是因為我沒有解釋清楚，那麼就讓我再來為您解釋一遍。」就這樣，客戶一次次推拖，安東尼就一次次解釋。

最後安東尼拿到了訂單。

為了讓客戶找不到拒絕的理由，業務員可以以「行動」來卸除客戶的藉口，例如你是房仲業務員，你可以帶著你的客戶去看附近所有符合客戶需求的房子，同時邊看屋時邊教育客戶說：「最近附近哪間房屋剛成交了」、「這一帶的房子很搶手，好房子通常一掛出就很快賣掉」等等，讓客戶覺得「該看的都

看了，的確是應該是要做決定了」，讓成交壓力回到客戶身上去。

可見，當客戶試圖拒絕購買時，你只要不厭其煩地說明和引導，最後往往能夠打動客戶，令他說出真正拒絕購買的核心原因。堅持不懈、鍥而不捨是每一個業務員都應具備的基本素質，只要不放棄追求，就有成功的可能。

當客戶說我要考慮考慮，是他想知道為何一定要現在馬上購買？現在購買對他有什麼好處或效益？

這時業務員就要說：「我了解您的意思，是不是我說明得不夠清楚，讓您需要再考慮一下呢？那就讓我再說明一次立即購買這產品對您的好處吧！」

如果客戶回應說：「我已經了解了這產品的優點，但我還是要再考慮一下，若我確定要買，我再與你聯絡好了。」

業務員可以說：「我了解您的意思，您這麼說該不會是要逃避我吧？請問你要再考慮的原因是因為我們公司嗎？還是產品本身嗎？又或者是我的問題嗎？還是錢的問題呢？我相信您絕對不會因為每天投資這麼一點點錢，來阻礙您未來美好的生活對吧？」

如果客戶還在內心交戰，你可以說：「如果您走路時看到地上有一張千元的鈔票，您會不會把它撿起來？這是一個在您眼前唾手可得的機會，就如同我現在告訴您現在這個機會一樣，我相信您不會因為下一條路上躺著一張千元鈔票就不會撿眼前這張對吧？如果您現在放棄眼前我提供給您的大好機

會，就等於是不撿眼前這張千元鈔票。請問您現在是撿還是不撿？」

除了要讓客戶覺得這是必須購買的產品外，你還要讓客戶深刻感受到現在買跟以後買有什麼天壤之別。否則，為什麼客戶現在要決定。這個問題解決了，訂單也就拿到了。

客戶說：別家比較便宜！

有的客戶會這樣說，這就是在暗示你，他想知道為何要跟你購買而不是跟別人購買？客戶也許只是隨便亂說的，所以千萬不要輕易降價，而是清楚地讓客戶知道他買到的不僅最適合且符合他需求的解決方案，價格也是最優惠的。

業務員可以說：「我知道，別家產品可能比我們便宜，然而您知道嗎？這世界上，我們都希望以最低的價格，買到最高的品質，擁有最好的服務，但是到目前為止，我還沒看到可以用最低的價格，買到最高的品質，並擁有最好服務的公司和產品，就像賓士車，是無法用買國產車的價格買到是一樣的，不是嗎？」接下來，你就要開始分析自家產品和競爭對手的差別。

客戶說：太貴了！

　　「太貴了！」、或是「能算便宜一點嗎？」是客戶經常說的一句話，這話可能意味著你的價格超出了他平時的消費水準，更有可能的是他覺得你的產品或服務根本不值這麼多錢。所以我們不要認為「太貴了」是客戶的一種拒絕，這其實是一種積極的信號。

　　我們先來看看業務員遇到這種情況時都是怎麼處理的：

　　客戶：「這條牛仔褲多少錢？」

　　業務員：「1980 元。」

　　客戶：「太貴了。」

　　業務員：「不會啊，小姐，這可是最低價了。」

　　客戶：「我還是覺得有點貴。」

　　業務員：「小姐，您摸摸看這質料，比一般的牛仔褲要細緻很多，對吧。而且這款式是今年的新款，數量不多，保證能大大降低撞衫的機率。而且這個版型很有塑身效果，更能突顯您的身材。一分錢一分貨，您說是嗎？」

　　客戶：「那就替我包起來吧。」

　　業務員總想賣出最高價，而客戶則是希望以最少的錢買到最好的東西。要想讓客戶購買我們的產品，就要讓他覺得我們

的產品值這麼多錢，要讓他知道我們的產品是同類產品中最好的，花這些錢是物有所值，甚至是物超所值的，給他們加強信心。這樣一來，我們就能讓客戶心甘情願地買單了。

價格問題的處理

除非你是以極明顯的低價促銷，不然很少有客戶不嫌價格貴的。

客戶說太貴了，是在暗示你，他不清楚為何你的產品或服務值這個價格？這時你可以說：「我了解你的意思，我很高興你提出這樣的問題，因為那是我們最吸引人的優勢之一，我相信你很認同，價格固然重要，然而我們購買的不是產品的價格，而是它能為我創造什麼價值不是嗎？如果你花一千元，但卻為你帶來了一萬元的價值，你不但沒有損失反而賺到了不是嗎？價格是一時的，價值是永遠的，我相信你對價值比較有興趣對吧！（接下來你可以加強塑造產品的價值，讓客戶明白他購買的產品簡直是物超所值。）」

你還可以這樣說：「我們產品雖然是比較貴，但還是很多人指名購買，您想知道是為什麼嗎？」

告訴客戶你的產品或服務是多麼地物超所值，因為唯有當價值大於價格時，客戶才會覺得便宜。另外，「貴」看是跟什麼比較，你可以和另一個同質相似的產品比，來突顯你的產品比別人便宜，或者換算成每天只要投資多少錢即可擁有。

以交易習慣而言，客戶要求折扣是難免的，若是能讓客戶

充分知道他能得到哪些利益後，「討價還價」也許只是一個習慣的反應。

記住——

① 當客戶提出異議時，要運用「減法」，求同存異。

② 當客戶殺價時，要運用「除法」，強調留給客戶的產品利潤。

巧妙分解價格，化整為零

如果客戶對價值和其他議項已經沒有問題，只在價格上存有異議，業務員可使用「差額比較法」和「價格分解法」來應對：

➢ **差額比較法：**是指當客戶表示對產品的價格不滿意時，你可以採用合適的方法，讓客戶說出他們認為比較合理的預期價格。然後把自己產品的價格和客戶提出的價格進行比較，然後再在這個差額上做文章。與產品的總額相比，差額一定要小得多，這個數字就不會對客戶產生很大的壓力。此時運用這個差額來說服客戶就容易多了。

➢ **整除分解法：**這種方法的特點是細分之後並未改變客戶的實際支出，但卻能使顧客陷入「所買不貴」的感覺中。由於整除分解法的效果非常顯著，因此經驗豐富的業務員常採用。但在運用此法時，業務員應圍繞在客戶比較關心的興趣點進行，才更容易讓客戶認同產品的價值，實現成交。

當客戶說：「能不能再算便宜一點？」心裡其實是在擔心自己是否買貴了？或者想要取得更低的價格！期望可以從你那裡拗到什麼優惠。

你可以這樣回應：「我也很想再算你便宜一點，然而這個我已經給你最優惠的價格了，我相信你一定可以認同產品的品質、售後服務和符合你需求的解決方案，這些都是非常重要的因素，雖然我無法再更便宜給你了，但這已經是最符合你需求且最物超所值的方案了，不是嗎？」（如果有贈品，你可以用贈品來促成成交。）

有時客戶只是一種試試看的心理，心裡盤算著搞不好可以得到什麼好處？若沒有也沒關係。所以千萬不要輕易降價，你可以試探性地問客戶：「請問我再降價的話，您現在就會買嗎？」

價格異議的處理唯有「利益」二字。在客戶沒有充分認同您能給它的利益之前，你要小心應對，不要輕易地陷入討價還價中。因此，你要學會轉移客戶的注意力，千萬不要一開始就和客戶談價格，要先描述價值，後談價格，化被動為主動，只有這樣，才能讓客戶感覺到產品的物有所值，甚至是物超所值。

客戶說：我沒時間！

　　事實上，當客戶對你說他沒時間時，是在暗示你，他為何要把時間空出來，跟你見面聽你的產品介紹？

　　業務員可以這樣回應：「太棒了！我最喜歡和忙的人交流了。您喜歡每天都很忙嗎？

　　就是因為你很忙，我才要跟你分享如何擁有更多時間的方法？其實我們每個人都有時間，只是每個人對時間的使用價值不同，如果我給您一塊錢，請您從台北車站東門走到西門，我相信你會說你沒時間，沒興趣，那是因為這件事對您沒有價值；但是如果我給您一千元，我相信您就有時間了不是嗎？成功的人都是懂得安排和規劃時間，現在就讓我們來規畫一下時間吧！請問您明天或後天哪天有空呢？」

　　當客戶說：「不好意思，我現在沒有時間。」此時業務員可以先環視一下四周，看看他是否真有忙碌的跡象，如果忙就可以留下自己的名片，記得也索取對方的名片，然後禮貌地離開；如果沒有忙的跡象，客戶的忙就是藉口了。

　　於是你可以說：「（微微一笑）小姐，我知道您正在忙（如果客戶不忙，業務員這樣說，對方多少會覺得不好意思，對你的態度也會開始緩和），我不會佔用您太多時間，這是我們公

司送給客戶的禮品，請收下（如果有宣傳用的小禮品可以送對方一份，畢竟「拿人手軟」，通常，接下來她會禮貌性地聽你的介紹）。其實我們的產品漂亮又實用，您看這個保溫杯，很適合女孩子平常使用⋯⋯」

　　一般來說，「忙」只是客戶不想跟你見面的藉口，他不想被你推銷，所以你要想一個能夠吸引對方見面的理由，例如：分享一個對你有幫助的資訊，分享我最近做了什麼事，讓我的人生變了很多，分享某某公司用了我們的產品有了很大的變化⋯⋯等。

　　你也可以不用理會他的藉口，直接說：「您放心！我不會銷售任何東西給您，除非您有需要，我只是想跟您分享為什麼全世界有超過三百萬人都在使用這間公司的產品，你難道不想知道這產品如何讓一個人更健康、更美麗嗎？」

客戶說：我沒錢

　　業務員使出渾身解術說服客戶購買產品的目的是什麼？當然就是賺客戶的錢。但是有很多客戶都有這樣一個殺手鐧，就是三個字：「我沒錢」。只要一聽到這句話，不少業務員都會識趣地放棄，因為客戶已經說沒錢了，再糾纏也無益。然而，客戶真的是沒錢嗎？這其中的玄機恐怕也只有他自己才清楚的了。

　　還有一種狀況是客戶顯然是對產品很滿意，但是卻說自己沒有錢，對於這樣的情況，也是很多業務員會經常遇到的。客戶做出這樣的表示，原因也有很多種。也許客戶只是以此為藉口，並不想真的購買產品，也有可能是為了讓賣方降低價格，故意說自己沒錢。總之，如果遇到這種情況，業務員不能一概而論，而是要針對不同的原因，採取適當的辦法來處理。

　　錢變不出來可以湊出來，只要客戶想買產品，即便是錢不夠也沒關係。所以，如果能確定客戶是真的喜歡產品，而又沒有足夠的錢來購買時，那麼就可以向他提議一些分期付款或優惠方案，替他想一些辦法。例如，使用分期付款、貸款、延期付款等方法。你可以說：「沒關係，我看您真的很喜歡，這也非常適合您，如果您喜歡我們的產品可以採取分期付款，能夠

幫助您解決這方面的問題。」

　　這樣既能解決客戶沒錢的問題，也會讓客戶覺得你在幫他想辦法，而對你增加好感。不過需要注意的是，有些客戶可能真的很難拿出資金來購買，那麼最好不要再想辦法要求他，雖然沒有做成生意，但是客戶也已經記住了你和你的產品，或許在他有足夠能力時，會先想起你，而你的所有努力也都不致於白做，所以你也必須記得，千萬不能因為客戶的拒絕就收起笑臉走人，否則就會失去這個將來的潛在客戶。

　　「沒錢」的客戶，我們要見招拆招，在他還未說「沒錢」的時候就封住他的嘴。也就是先找到客戶有錢的跡象，如果斷定客戶的沒錢只是一種藉口，那麼你就可以運用觀察能力，從客戶身上找到能證明客戶有錢的跡象。例如你可以稱讚客戶的戒指精美，然後再藉機問戒指的價格，如果他很驕傲地表示戒指很貴，那就再好不過了，這恰好證明客戶並非缺錢。接著你就能夠稱讚客戶的品味，然後將產品與此做連結，那麼客戶就會因為自尊心的關係而能很快做出購買決定。例如：「哦，您的項鍊非常漂亮，一定價值不菲吧，您真是有品味啊。我們的保養品就是以您這樣的貴婦為主要消費群的，包裝也相當有質感哦。」

　　我們不得不說這位售貨小姐很懂消費者心理。每個人都有虛榮心，我們要充分利用虛榮心的力量，讓客戶根本沒有機會說「沒錢」，乖乖地主動掏錢出來。

客戶說：目前沒有預算！

客戶會這樣說是在暗示你，為何現在需要購買？

當一個人或一間公司覺得沒有迫切需要時，就會用沒有預算來回應你，這時，你要讓客戶知道，為什麼這產品對你或對公司來說是必需要的且刻不容緩的，並讓客戶感受到沒有購買將會有很大的損失。

例如，你可以這樣說：「我知道每個人（或每間公司）都有預算，而預算是幫助個人（或公司）達成目標的重要工具，但是工具本身是有彈性的，我們的產品能幫助您（或貴公司）提升業績並增加利潤，還是建議您根據實際情況來調整預算。當我們討論的這項產品能幫助您（或貴公司）擁有長期的競爭力的話，聰明的您（或作為一個公司的決策者），我想在這種情況下，您是願意讓預算來控制您呢？還是由您自己來控制預算？」接下來就可以說明為什麼這產品對客戶或對公司來說是必需的，而且是刻不容緩的。）

客戶說：現在不景氣，以後再說吧！

客戶這樣說是在暗示你，現在沒有錢也不急，為何要現在決定購買而不是以後呢？

「現在不景氣」這句話只是一個藉口，不景氣的時候，有人成功，有公司獲利，郭台銘說：「經濟不景氣，讓我渾身是勁。」所以重點不是景氣問題，而是你怎麼做，不是嗎？

業務員可以說：「我明白您的意思，您知道嗎？這世界上

有很多成功者，都是在經濟不景氣時做下一個正確的決定，建立他們成功的基礎，因為他們看到的是長期的機會，而不是短期的挑戰。同樣的，今天您也有一個相同的機會，我相信您也會做出一個相同的決定對吧！」

CHAPTER 6

成交第**5**步

成交試探，要求成交

SECRET

OF THE

DEAL

刺激欲望，留住客戶

　　連續兩年當選美國百萬圓桌超級會員的馮金城分享他的成功經驗是——他從不急於成交，他在乎的是要努力找到客戶自己也不知道的需求。

　　和客戶碰面時他總是先問：「你有做財產贈與規劃嗎？」「沒有？為什麼？」即使對方不耐、被拒絕、擺臉色，他從不放在心上。每隔一、兩週，他就會再試著跟對方聯絡一次，提醒客戶這個問題，甚至幫客戶做好一系列的精算規劃，將做與不做的結果比較呈現給客戶。曾經有一個客戶，就讓馮金城醞釀了將近十四個月，最終保費收入高達千萬。這還不是最長的紀錄，馮金城說他曾經經營一個準客戶長達八年。

　　想實現成交，既要沉得住氣，還要不輕言放棄。在客戶選擇產品的過程中，業務員應給客戶留下足夠的空間，即便一番努力後沒有結果，也不要輕易放棄，而要抓住一切可能的時機，運用各種技巧留住客戶。

　　在客戶選擇產品的過程中，業務員應做到：

① 不催促客戶做決定

　　客戶選擇產品時不怕產品種類多，就怕沒有足夠的時間選

擇，他們一般很少馬上做出成交決定，經常要經過一番比較和分析，最終選到最心儀的產品。如果你在介紹產品後就急著催客戶購買，很容易引起客戶反感。

其實在選擇產品時，如果客戶沒有特別疑問，通常是不希望受打擾，更不願在被催促下做出成交決定，這樣等於是被剝奪了主動權，而他們最厭惡的就是業務員的打擾和催促，認為業務員只是想盡快成交，自己只不過是業務員手中的一顆棋子罷了。記著：選擇重於一切，有選擇才有成交！

在向客戶介紹產品後，要給客戶足夠的選擇空間，這樣才能保持銷售氣氛的良好，贏得客戶更多的尊重和信任。

② 有條理地引導客戶

如果只是放任讓客戶自己決定，而業務員沒有在一旁使力，自然難以達到成交的效果。所以業務員在這期間要做好引導，防止或消除其他不利的因素對客戶的影響。

✓ **透過提問引導客戶**：向客戶提出有關需求探討方面的問題，採取連環提問的方式，逐漸引導客戶對特定產品的關注，激發客戶購買興趣。

✓ **藉由證明引導客戶**：利用有說服力的產品認證和見證資料引導客戶對產品的態度，使客戶心甘情願接受和喜歡產品。

✓ **透過第三方引導客戶**：利用已購買產品的客戶追蹤使用結果引導客戶，向客戶表明購買產品之後能得到的利益，促使客戶做成購買決定。

③ 適當保持沉默

在客戶選擇產品時，需要根據自身所面臨的情況綜合考慮，可能在一些具體問題上難以定奪，這時最怕別人打斷思路。如果業務員仍然滔滔不絕地說個沒完沒了，不停地向客戶介紹產品優勢，很容易打斷客戶興致，甚至令客戶產生另換別家的想法。

不要覺得說得多就能留住客戶，在客戶思考時，最好適當保持沉默，這不僅能表現出對客戶的尊重，又能給客戶一種無形的壓力，反而能令客戶更快做出決定。

④ 與客戶持續保持聯繫

如果與客戶商談後並沒有達成交易，當客戶執意要離開時，業務員最好不要強行挽留。這時可以奉上名片，與客戶保持聯繫，設法消除客戶的心理芥蒂，與他建立好關係，之後再尋找時機約見他。如果未能成交，要積極主動地與客戶約好下一次見面日期，如果在你和客戶面對面的時候，都不能約好下一次見面的時間，以後要想與這位客戶見面可就難上加難了。如果與客戶預約成功，一定要在拜訪前提前準備，以確保拜訪進行順利。

對業務員來說，一旦與客戶有過接觸，就算認識了，新接觸一個客戶，即等於多了一個資源，就要把這些客戶當成寶貴資源加以珍惜，即便成交失敗，你也要保持對客戶的關注，持續追蹤了解客戶的需求變化，只有在對客戶有足夠的了解後，

才能發現再次接近並贏得客戶的時機。身為一名優質業務員一定要堅持追蹤，追蹤、再追蹤，如果要完成一件業務工作需要與客戶接觸五至十次的話，那你不惜一切也要熬到那第十次傾聽購買的信號——**如果你很專心在聽的話，當客戶已決定要購買時，通常會給你暗示，這時傾聽就比說話更重要了。**

總之，業務員在與客戶接觸時，不要操之過急，要根據自己的計畫，把握好銷售的節奏，在客戶遲疑時，不急著催促客戶成交，被客戶拒絕時，也不輕易放棄，只要在前期創出氛圍，做好準備，打好基礎，與客戶成交就是自然而然的事情了。

如果客戶猶豫不決，眼神裡流露出留戀之情時，你要試著找到客戶的疑慮點，不要為了急於促成交易而一味地叫客戶購買，而是要運用一些技巧，讓客戶在不知不覺中消除疑慮，激發其購買欲望，除了有些客戶對某件產品一見鍾情外，大部分的成交都是在業務正確引導的過程中實現的，以下分享四種激發客戶購買欲望的方法：

1. 倒數計時：告知客戶優惠活動即將結束，或這是限量商品等。

2. 給誘惑：告訴客戶購買產品後能獲得什麼樣的好處，將購買前後的情況向客戶做一個對比，使其在權衡利弊之後做出購買產品的意向。

3. 製造優越感：客戶在個人優越感得到一定的滿足時，往往更容易接受業務的請求，如此一來，客戶得到了業

務的肯定，心情好也會成為他購買產品的原因。

4. 增加對產品的印象：有時客戶會有「貨比三家」的想法，此時業務員可以增加客戶對產品的印象，向客戶明確地介紹售產品的特點和價值，還有為何一定要購買我的產品而不要買競爭對手的產品，有利於加深客戶對產品的印象。

但是在這個過程中，請一定要特別注意客戶的反應，無論是舉止、表情，只要客戶表現出不耐煩和不悅，就應馬上停止。總之，在面對陌生客戶時，腦中要存有「沒有陌生人，只有還沒有認識的好朋友」的信念；在面對老客戶時，心中要存有「你就是我的信徒，你會瘋狂地幫我轉介紹」的想法，這是基本的心理建設。

勇於要求成交是
銷售成功的關鍵

　　一筆訂單的成功交易，意味著個人業績、銷售獎金，對公司企業意味著營業收入、市場發展，對客戶則意味著個人需求獲得滿足，因此，「順利成交」形同是多贏局面的代名詞，但假若銷售失敗，業務員往往首當其衝，獨自承受著內外壓力，而這也造成業務員在即將與客戶達成協定時，對於成交患得患失，一下子擔心自己操之過急，一下子期待客戶主動購買，結果未能完成最終的銷售目的。

　　事實上，當你希望獲得訂單、成功完成締結時，除了要掌握成交時機外，也要取決於你能否勇於向客戶要求成交。在銷售過程中，儘管有許多因素會影響客戶的購買行動，但你的商品解說、解決異議、引導溝通等銷售技巧，都是幫助你完成銷售的工具，然而，有時你早已善用「工具」刺激了客戶的購買欲，卻仍提不起勇氣要求客戶成交，反而平白錯失成交良機。

　　一般說來，業務員在要求客戶成交時，會有以下常見的心理障礙：

1 擔心時機不對，引起客戶反感

有時業務員會不斷確認客戶的購買需求、購買意願，但一旦客戶真正有意購買時，卻又擔心要求客戶成交的時機不夠成熟，貿然開口會造成客戶的壓力或反感，所以寧可「靜觀其變」。

其實這種心理源自於業務員的「害怕失敗」，畢竟好不容易讓客戶產生了購買意願，怎能不更加謹慎地因應？固然延遲提出要求成交的時機，能夠避免馬上被拒絕的風險，但也表示你得不到一份確定的訂單。尤其當客戶已經有意願購買時，正是業務員積極引導、主動提出成交的好時機，過度的謹慎只會讓客戶有更多時間冷卻購買欲，因此，克服這種心理障礙的方式，就是保持平常心，坦然面對結果，不要過分在意成敗。

2 期待並等待客戶主動開口

通常銷售成交的方式有兩種，一是簽訂供銷合約，二是現款現貨交易，但無論哪一種方式，業務員都不應有錯誤的期待，那就是——客戶會主動提出成交要求，我只需等待他們開口。事實上，絕大多數的客戶都不會主動表明購買意願，即使他們有極高的購買意願，業務員如果沒有積極提出成交要求，他們也不會採取購買行動，所以在銷售過程中，應牢記自己的引導角色，並且適時地鼓勵客戶完成購買。

3 主動要求成交，如同是哀求客戶購買

一個業務員主動要求客戶成交時，如果他的內心會產生「這是在哀求客戶購買」的感受，不僅意味著他對銷售業有著錯誤認知，也表示他忽略了自己與客戶之間是平等、互惠的銷售關係，往往這種心理會讓業務員在面對客戶時缺乏自信，不敢提出任何積極性的建議，而且很容易陷入自艾自憐的困境，長此以往之下，自然會對個人銷售事業的發展有不良影響。

身為業務員，你必須瞭解你是在為客戶提供商品或服務，滿足他們生活上的需求，而客戶也以金錢作為交換與回饋，因此雙方進行的是一場「公平交易」，而唯有正確認知雙方互利互惠的買賣關係，你才能調整心態、展現自信，樹立專業的銷售形象，也才能獲得客戶的信賴。

4 擔心商品不夠完美，引起客戶的心理反彈

這是一種複雜的心理障礙，當業務員對自己銷售的商品沒有信心、害怕客戶拒絕、憂慮市場競爭者具有銷售優勢時，經常會在提出成交要求時感到卻步，如果客戶最後沒有採取購買行動，他會將銷售失敗的原因，歸咎於商品的品質有問題，繼而更加否定商品的價值。

在銷售過程中，業務員憂慮自己的產品不夠完美，可說是自尋煩惱，因為世界上沒有百分百完美的商品，客戶所尋求的商品標準也不是「完美」，而是「好處」。當客戶瞭解商品能夠帶來的益處正是他所需求的，它就是值得購買的商品，此時

業務員若主動提出成交要求，可以促使他們做出購買決策。換言之，業務員若想克服「商品完美性」所造成的心理阻礙，必須清楚認知：完美的商品並不存在，商品的好處、價值卻是可以塑造的。

成交一切都是為了愛

不管你從事什麼行業，你要熱愛你的事業，你必須要喜歡你自己賣的東西。如果你自己賣的產品連你自己都不認同，都不喜歡，那勸你趁早不要賣了。不然你就不符合「成交一切都是為了愛」。什麼叫「成交一切都是為了愛」？就是我真的認為這個產品或服務很好我才設法推銷給你。就像我一直在推薦的王道增智會，因為我自己真的是認為很好，很棒，所以我很理直氣壯地賣給你，這樣你就能得到我的服務，而這個服務的價值絕對會超過你支付的金錢。

你要確認你賣的東西很好，而且是發自內心地確認，一樣不好的產品，你為何要去賣呢？所以我很難想像為什麼有人要去賣地溝油呢？

我推崇一個概念，就是厚利適銷，就是，我要拿真正很好的東西賣給你一定的價格。不敢說貴，但要有一定的價格。我記得二十多年或三十年前我第一次去大陸，因我父親是當年跟蔣介石一起來台灣的老兵。當政府一開放大陸探親，我就陪著我父親回大陸探親。當時什麼東西讓大陸同胞驚豔，眼睛瞪著大大的，是台灣的泡麵，因為它裡面真的有肉。我跟他們說這

一碗台幣要賣 25 元，折合人民幣 5、6 元，對他們來說真是太貴了，因為當時大陸的方便麵才賣幾毛錢而已，但他們都願意花人民幣 5、6 元來買這碗泡麵。這讓我明白一件事，要做出真的很好、很高檔，品質很棒的東西，但價格賣高一點沒關係，因為它本來就有它的價值，而賣東西本來就是要賺錢，但是你的東西一定要很好、很棒。

所以成交一切都是為了愛，並不是說你不要去賺客戶的錢，你可以大賺客戶的錢，但你的東西要非常好、非常有良心，好得讓人驚艷。

向客戶提出成交的好時機

要求客戶成交是完成銷售的最後一步，只要業務員克服了以上阻礙成交的心理，在適當時機，真誠地、主動地勇於提出完成交易的要求，成交機率將會大幅提升，然而，何時才是向客戶提出成交的適當時機呢？

① 商品解說之後

當你確認了客戶的購買需求，並為對方介紹商品之後，詢問他所需要的商品款式、數量、顏色等條件，將是順勢提出成交請求的好時機。

② 異議處理之後

當客戶提出購買異議時，你在化解疑問之後，徵求客戶的

意見，以便確認客戶是否清楚瞭解商品，以及你是否需要再進行意見補充。

客戶認同你的說明時，進一步詢問對方選擇何種商品，並且提出成交要求，往往可以推動交易的完成。

③ 客戶感到愉悅時

客戶的心情越是輕鬆，購買意願也會隨之提高，此時提出成交要求，將可增加成交的機率。

值得一提的是，當你向客戶提出成交要求，並且達成協定之後，必須牢記「貨款完全回收」才算是真正完成銷售。換言之，你與客戶達成的口頭協定，並不表示你能真正收到貨款，甚至雙方已經簽訂合約之後，客戶仍有可能因為實際情況與簽約條件不符而拒絕付款。為了避免你與客戶發生買賣糾紛，在簽約時務必將交易條件詳盡說明，並且確認客戶瞭解雙方的權利與義務，尤其高額商品應以書面方式確立同意事項，審慎處理，最低限度也要取得客戶口頭上的同意。

如果你是與客戶協議在特定日期或是每月按時前往收款，赴約前務必先和客戶確認，而後再依約前往，一來可避免客戶不在，白跑一趟，二來可防止客戶取消訂單。有時業務員會認為每月收款既麻煩又辛苦，但收款的同時也是在做售後服務，特別是雙方建立起長期的良好關係後，客戶多半會願意為你介紹新客戶。

抓緊客戶的「心動時機」

　　敏銳觀察客戶的肢體語言、解構客戶的心理狀態，可說是一個傑出業務員的必備條件，唯有善於捕捉客戶的購買資訊，才能掌握客戶的「心動時機」，從而提高成功銷售的機率。但是你要如何掌握客戶心動的剎那呢？又要如何察覺出這種心理狀態的改變呢？

　　在一般情況下，客戶有極高的購買意願時，他們多半會有以下 5 種行為表現：

1. 客戶會從挑剔、質疑的批評態度，逐漸轉變為「點頭默許」的肯定態度。

2. 客戶的言行舉止或是對你的態度，逐次比先前要和善、親切。

3. 客戶會觸摸商品，並且仔細觀察，或是目不轉睛地翻閱商品目錄和說明書。

4. 客戶頻頻詢問品質、價格、使用方法、付款方式、售後服務等購買細節。

5. 客戶開始討價還價，希望你能提供優惠或附送贈品。

　　當客戶出現以上五種行為表現，或是透過態度、言語、肢體訊號傳遞出購買意願時，往往意味著成交有望，但此時業務

員若是過於急躁或催促成交，反而會讓客戶感到壓力而萌生退意，你只要適時地從旁配合、引導即可。

 讓客戶當場購買

看準顧客的購買欲最強烈的時候，打鐵趁熱，直接提出成交簽約的要求，是提高簽約效率的最直接途徑。但是這種方法一定要看準顧客成交意識的確已經成熟，有比較大的成交把握時才使用。

有些業務員在客戶已有購買的意願時，卻不能掌握時機與客戶完成交易，這就好比足球場上的「欠缺臨門一腳」，真是叫人遺憾。當洽談已發展至有利的階段卻還是失敗的原因有二：一、業務員無法確切地回答對方的問題。二、在洽談的關鍵階段，業務員沒有封鎖客戶可能提出的拒絕。業務員在進行商談前，務必提醒自己封鎖客戶在商談中出現的反駁，並預測客戶可能會有的反駁，同時不要忘了使用強力的銷售用語。

洽談過程中，客戶會向業務員提出各種疑問，此時，必須誠懇認真傾聽，並對客戶的質問完整回答。如果隨便敷衍，客戶縱有購買之意，亦會斷然拒絕。確認客戶拒絕的真假程度，也是很重要的。面對「我再考慮一下！」、「我和先生再商量看看！」這樣的拒絕語，就回答「明天我會在這個時候再來拜訪，聽您的好消息。」如果客戶有心拒絕，一定會說「哦！你不用來了」；有購買意思的客戶則可能會說：「好，那麼到時候我再做決定。」至於「沒有預算」這一類的拒絕話，多半不

是真正的原因。

在促使客戶下決定成交時，最好是以最自然的方式，具體方法如下：

① 以行動來催促客戶做決定

這是促使對方決定簽約的方法。當你判斷客戶可能會與自己交易時；就要當作（假設）客戶確實要買了，並隨即進入簽約過程的最後階段。時機點通常是在詳盡地介紹和解答所有疑問後，理所當然地說一聲「麻煩您在這裡簽個字！」在恰當時機時，就將合約書和筆一併拿出，這就好比跟客戶說：「好！請決定吧！」客戶此時往往會情不自禁地拿起筆簽下合約。保險業務員就常利用此法，例如業務員會藉著「每個月十五日前後來收款，可以嗎？或者您有更好的建議呢？」這種收款日期的確定，使客戶更容易點頭答應。因為這種方法容易引導客戶主動說：「好，我買了！」是一種站在客戶立場，揣摩客戶想法，使雙方輕鬆愉快地締結契約的收場方法。應用此法的手段很多，如收款日期的確認和買受人名義的確認。手段雖多，卻有一共通點，就是業務員都是以假設客戶要購買的心情，來與客戶溝通。還有，為求確認，不要忘了說：「謝謝您，太太（先生）！能不能在這裡蓋個章？」然後神態自如地把合約書拿出來填寫。這時切勿因交易成功而喜形於色，以免客戶認為自己是不是決定得太倉促了！

2 引導客戶做「二選一」的決定

業務洽談至締結契約的階段時，客戶與業務員間激烈的攻防戰就開始了。客戶縱然購買的欲望很強，但心中難免產生抗拒的想法：「現在這樣也不錯啊！還是盡量多節省一點開支吧！」這種想買又不想買的矛盾，使客戶很難果斷地下決定，而業務員要做的，就是針對客戶這種心理狀態，協助他化解其中矛盾。請看以下對話──

客戶：「是啊！這房子確實不錯，不過我得徵詢我老公的意見？每個月增加快兩萬元的支出，我一個人沒有辦法決定啊！」

業務員：「李太太！這麼好的機會稍縱即逝啊！您先生鐵定會贊成啦！說不定還會稱讚您找了這麼好的一棟房子！」

客戶：「可是一個月多快兩萬元的支出……」

業務員：「李太太！這地段的行情是持續看漲……明年捷運通了，就不是這個價了，絕對是回本很快的！」

眼看時機成熟，就悄悄把訂購單備妥，但不要被察覺，否則顧客會產生戒心。等到客戶表現出「到底要還是不要」這種心理狀態時，業務員就若無其事地說：「那請問是要登記誰的名字呢？先生的名義？還是孩子的呢？」此時，縱使原本猶豫不決的客戶也會說「好吧！就請你寫孩子（先生）的名義好了」這筆單就這樣談成了！

例如：像「（商品）要 A 類型的，還是 B 類型的？」這樣的詢問。記住不要給客戶太多的選擇，非 A 即 B 的二擇一

法最易收效。如果是產品的話，「甲和乙您喜歡哪一個？」這樣可迫使客戶盡速做出決定。當人被問到「要哪一種？」的時候，通常都會朝自己所喜歡的方向來作選擇，以致於在說出答案的同時，就一併去除了猶豫不決的情況。這稱為「選擇說話術」，或稱為「二選一說話術」；這在各種商談的場合上，經常被使用到。

❸ 利用身邊的例子，促使客戶下定決心

舉身邊的例子，舉一群體共同行為的例子，舉流行的例子，舉主管的例子，舉歌星偶像的例子，讓顧客嚮往，產生衝動、馬上購買。如果商品是車子，就可以說：「您隔壁的××先生也是我的客戶，上個禮拜週休二日，他們一家人開著車到北海岸兜風，玩得很盡興呢！」如果是工作上使用的機器，就可以說：「像××公司，也是購買我們的機器，一年之中成功降低了百萬元的成本。」對於購買可能性高的客戶，盡量舉一些他們所熟悉的實例，也不失為一種刺激購買欲的方法。

❹ 細心安撫客戶心中的不安

成交前、中、後都要不斷安撫你的準客戶。安撫的意思就是你自己要顯現出你的信心，這還是在講成交一切都是為愛。你自己都沒有自信的話，就不太可能成交。什麼叫信心呢？就是我掏出口袋裡的千元鈔一張，假設我的產品就是這 1000

元，然後我賣 500 元，請問有誰要買呢？是不是很容易就有人要買。價值 1000 元的產品，為什麼只賣 500 元呢，因為它真正製作出來的成本可能只要 300 元，對客戶來說他們不可能只用 300 元就能做出這樣東西，但企業可以，因為每一行每一業有它專精的地方。而我做出來的東西真的具有 1000 元的價值，只賣 500 元，但你不要，那就是你的損失，而我一點都不會感到不高興。因為我對我的產品有信心。

用「是不是因為還有讓您不太滿意的地方，導致您無法下決定？請不要有所顧忌，讓我們了解您的疑問。」這類的話，探究客戶的疑慮及不安的原因，再細心地為他們一一解答，用你的信心來安撫客戶，有時候業務人員沒有注意到的細節，可能就是客戶遲遲無法下決定的原因。然而將這些問題一一解決而順利簽約的，也不在少數。

5 亮出最後的王牌，促使對方下決策

客戶可以得到什麼好處（或快樂），如果不馬上成交，有可能會失去一些到手的利益（將陷入痛苦），利用人性的弱點迅速促成交易。像這個時候，經常被使用的王牌就是「折扣」。既然是王牌，一定要到最後才可以亮出來。一旦亮出王牌，就必須要有讓對方簽約的心理準備。除了折扣以外，可以使用的王牌還有分期付款、先享受後付款、庫存品數量有限、優惠期限即將截止等。此外，客戶是永遠不會拒絕「謝謝」的。縱然他不想買，也不會對一個帶著微笑說謝謝的人板起面孔的。在

運用此法時，必須先假設客戶已決定購買，而在言語上半強迫式地造成客戶非買不可的心理。

當顧客對簽約表達了肯定的意思表示之後，能否有效快速地完成簽約也是評價一個銷售人員是否夠專業的時機。業績超強的業務員在簽約時，總能在速度上求快，公事包裡務必整整齊齊、有條不紊。同時他們清楚記得合約書放在哪兒，印章擺在哪兒，以及各種目錄文件放置的位置。

只要對方有一點購買意願，他們就會立即取出合約書，說道：「謝謝您，請在這裡簽上您的大名吧！」

這是業務員最基本的成交動作，但如果在這個過程中業務員動作生疏，慌慌張張的，可能會改變顧客的想法，當你慢條斯理地翻公事包時，顧客原來高昂的情緒會逐漸冷卻下來，等你取出契約要求對方簽約時，對方可能會說：「容我再考慮一下」或者根本就打消主意不買了。

另外，你拖拖拉拉的舉動會影響到顧客對你的信心。顧客是因為對你個人的信賴感才同意簽約的。當你好不容易將商談推進到簽約的階段，卻在這時暴露出雜亂無章的公事包，七手八腳地尋找那份合約書，這些對顧客原先已萌發的消費意願是一種打擊。同時你的這種表現還會讓顧客對自己的決定產生懷疑，這時很有可能原來已經達成的簽約意向就這麼消失了。

成交訂單的九大神奇詞彙

在銷售過程中有時我們的用字遣詞，會深深影響著客戶內心的變化，所以我們可以改變一些用詞，它可以輕鬆地觸發客戶潛意識裡的「購買指令」，從而讓客戶不知不覺地產生購買欲望，甚至瘋狂地購買，讓銷售更為順利。

❶ 將「購買」改成「擁有」

「蔡小姐！當妳買了這本書之後，落實書中所教的，妳的業績會像直升機般日益上升，這是妳要的結果嗎？」

你可以這樣換個說法：

「蔡小姐！當妳擁有這本書之後，落實書中所教的，妳的業績就會像直升機般日益上升，這是妳要的結果吧？」

「買」和「購買」基本上都給人要花錢的感覺，花錢在心理上會造成某程度上的負擔，當你換成「擁有」，效果就不同，因為每個人都想擁有，兩者意思相同，但投射在心裡的感覺卻是完全不同。

❷ 將「頭期款」改成「頭期投資金額」

「陳媽媽！妳只要付頭期款 5000 元，之後每個月只要付

2500 元，就可以買下這台新型的筆記型電腦了。」

你可以這樣換個說法：

「陳媽媽！妳第一次只要投資 5000 元，之後每個月只要投資 2500 元，妳的小孩就可以擁有這台筆電了。」

無論頭期款還是每月付款金額，聽起來都是要花錢，但是當你換成「投資」，感覺就不同，因為投資在心理上是一種投入會有回報的感覺，就像買書是投資知識在自己的大腦，讓小孩補習或學才藝或學電腦其實都是一種投資。

❸ 將「合約書」改成「書面文件」

「張先生！這份合約書請您過目一下。」

你可以這樣換個說法：

「張先生！讓我們把剛才溝通的內容寫下來，當作我們彼此的協議，這份書面文件請您過目一下。」

因為「合約書」聽起來較正式、嚴肅，給人有很多法規條款的感覺，而「書面文件」感覺上是比較一般性的資料，客戶心理自然就不會產生較多的排斥與抗拒感而不簽名或多重考慮再說。

❹ 將「推銷」改成「參與」或「拜訪」

「游總經理！謝謝您給我這次推銷的機會，我們有很多客戶都買了這個計畫。」

可以這樣換個說法：

「游總經理！謝謝您給我這次拜訪的機會，我們有很多客戶都擁有這個計畫。」

一般來說人都不喜歡被推銷，有一種被強迫的不舒服感覺，當你換成「參與」或「拜訪」，聽起來會比較沒有侵入性和負面的的感覺，自然而然心理就不會產生抗拒和排斥了。

⑤ 將「生意」改成「機會」

「王董事長！這是一筆千載難逢的生意，我相信您一定不會想錯過是嗎？」

你可以這樣換個說法：

「王董事長！這是一個千載難逢的絕佳機會，我相信您一定不想錯過是嗎？」

「生意」聽起的感覺也是要花錢，但不知可否確定會賺錢，所以當你換成「機會」，就不一樣了，因為每個人都想要把握難得的機會。

⑥ 將「簽名」改成「同意」或「授權」或「確認一下」

「楊小姐！如果沒有其他問題，請您在這裡簽個名。」你可以這樣換個說法：

「楊小姐！如果沒有其他問題，我需要您的同意或授權讓我們接下來可以為您服務，請您在這裡確認一下。」

我們小時候可能被父母教育不要隨便「簽名」，以免上當受騙，當你換成「同意」、「授權」或「確認一下」，感覺上

是客戶在主導決定，而不是你在逼客戶簽名決定。

7 將「佣金」或「獎金」改成「服務費」

「賴先生！當您買下這間房子，我們只賺您2%的佣金。」

你可以這樣換個說法：

「賴先生！當您擁有這間房子，我們只收您2%的服務費。」

「佣金」或「獎金」會讓客戶覺得你在賺他們的錢，客戶不喜歡被你賺走他們太多錢，所以當你換成「服務費」，客戶會覺得你有幫他做些事情，給一些服務費是應該的。

8 將「如果」改成「當」

「鄭小姐！如果妳今天加入會員，除了入會費免費外，再贈送你限量保濕面膜，對妳而言並沒有任何的損失。」

你可以這樣換個說法：

「鄭小姐！當妳今天加入會員，除了不用入會費外，再贈送你限量保濕面膜，對妳而言沒有任何的損失。」

「如果」給人一種還沒正式開始的感覺，當你用「當」這個字眼時，就感覺事情正在發生或已經發生了，而不是還未發生。

9 將「消費者」改成「服務的人」

「洪小姐！用過這產品的消費者，都非常喜歡而且還會幫

我轉介紹。」

你可以這樣換個說法：

「洪小姐！我所服務過的人，都非常喜歡這產品且幫我轉介紹。」

「消費者」感覺上就是有消費有花錢，而「服務的人」感覺上是你有為客戶做些什麼，有幫助過什麼，客戶寧願被你服務，也不要被你消費，所以兩者感覺是不同的。

當你熟練運用以上九種神奇詞彙，客戶便會不知不覺被你引導，順利得到你想要的結果。

正確使用成交策略，促成交易

　　銷售的目的就是要成交，沒有成交，再完美的銷售過程，也只能是鏡花水月。很多業務員都深刻明白這一點，在他們心中，沒有成交，一切都是白費。

　　很多業務員開始做業務的時候，往往衝勁很大，找到客戶，送了樣品，報了價就不知道該怎麼辦了，常常是白做工。其實你應該不斷地問他，您什麼時候下單呀，直到有結果為止。

　　其實，採購就是在等我們問他呢。會哭的孩子有奶吃。就像孩子不哭，我們怎麼知道他餓了呢？所以我們要要求客戶購買。然而，80%的業務員都沒有做到積極主動向客戶提出成交要求。

　　接下來就給大家介紹幾種高效的成交方法，業務員可以根據實際情況，針對客戶的個性特徵和需求，抓住有利的時機，選擇合適的成交方法，及時有效地促成交易。

① 直接請求成交法

　　「直接請求成交法」就是業務員用最簡單明確的語言，直

接請求客戶購買。如果業務員察覺客戶有意成交，就可及時採用這種方法促成交易，例如，業務員說：「您看我們的產品價廉物美，您這次準備買多少呢？」

直接請求成交法的好處就在於能有效節省銷售時間，提高成交效率，加速客戶下定購買決心。但其缺點在於直接的請求很可能會引發客戶的反彈與抗拒，甚至引發客戶的成交異議。因此，業務員在使用直接請求成交法時，一定要確定客戶已經有強烈的成交跡象。

使用這種方法時，業務員的語氣要恰到好處，既能讓客戶接受，又能夠給客戶一定的壓迫感。同時，要注意自己的言辭和態度，不要給客戶咄咄逼人的感覺，以免讓客戶反感。

❷ 肯定客戶成交法

「肯定客戶成交法」就是業務員以肯定的語氣，堅定客戶的購買決心，進而促成交易。積極地肯定並讚美客戶，會讓猶豫不決的客戶變得果斷起來。

使用「肯定客戶成交法」前必須確認客戶對你的產品已產生了濃厚的興趣。你的讚揚一定要發自內心，虛情假意的讚美只會讓客戶反感。肯定客戶成交法在一定程度上，能滿足客戶的虛榮心，能幫助他確認並強化其想要擁有的「消費決心」，也有利於提高成交的效率。

③ 非 A 即 B 成交法

「非 A 即 B 成交法」就是給客戶兩個選擇。這種方法是用來幫助那些總是猶豫不決的客戶。客戶只要回答問題，總能達成交易。「非 A 即 B 成交法」看似把主動權交給了客戶，實際上卻是讓客戶在成交的範圍內選擇，這樣就能有效促成交易。

「非 A 即 B 成交法」的最大好處就是把購買的選擇權交給客戶，沒有強加於人的感覺，因而可減輕客戶購買決策的心理負擔，有利於促成成交。

你一定要假設客戶會購買你的產品，只是買多買少，什麼時候買。千萬不要問一個自殺式問句：「請問你要不要買？」請先假設客戶會買，而不是一直想著客戶究竟會不會買。當假設成交時，我們可以再利用非 A 即 B 二擇一法讓客戶決定，例如：你要 XL 的還是 L 的？你要黑色的還是紅色的？你要一個還是兩個？你要這星期送還是下星期送？你要付現還是刷卡？你要一次付清還是分期？保險大師曾經在成交時問客戶：「吳經理！請問是要用您的筆簽還是我的筆？」最後吳經理用他自己的筆簽上他的名字！成交！

還有一種與之相類似的選擇成交法，是指業務員直接向客戶提出若干方案，並要求客戶在其中選擇一種購買方案。這種方法的特點是把客戶的選擇局限在成交的範圍內，使客戶回避「要還是不要」的問題，不給客戶拒絕的機會，向客戶提供選擇時，也應盡量避免向客戶提供太多的方案，最好控制在三項

之內，否則不利於客戶做出選擇。

4 從眾成交法

眾所周知，人的行為不僅受到觀念的支配，還會受到周圍環境的影響，稱為「從眾心理」，例如暢銷書排行榜上的書往往會更暢銷！而「從眾成交法」就是利用客戶的從眾心理下定購買決心。

人們都具有從眾心理，但程度有高有低。業務員在運用從眾成交法時，一定要分析客戶的類型和購買心理。雖然從眾成交法可簡化銷售勸說的內容，但卻不利於業務員準確地傳遞全面的產品資訊。這種方法若用在個性較強勢、有主見的客戶身上，往往也會有反效果。

5 「害怕買不到」成交法

可利用客戶「害怕買不到」的心理，假裝停止談判，準備離開，那些性子急的客戶往往就因此主動提出訂單。一件事物，人們原本對它的興趣不大，但是當人們佔有、享有或觀賞它的自由受到了限制，人們就會變得開始渴望這件事或物了。

購物時，如果你發現貨架上的物品還很多，我們會猶豫一下，心想，今天不買，明天買也是一樣的，結果拖到最後還是沒買。但若存貨不多只剩下一、兩組，你就會想，今天如果沒買，明天可能就沒有了，特別是當售貨員說「這是全球限量版」時，腦子裡的那根線就會緊繃，覺得這麼好的機會被自己

遇上，不買就可惜了。因此我們常被某店鋪櫥窗外那些「數量有限，欲購從速，售完即止」所征服，最後不得不買了。

善用「現在不買，以後將錯過」、「害怕失去某種東西」的緊迫感，往往更能激起客戶「想要擁有」的欲望。選擇機會越多的時候，人們越拿不定主意；而選擇機會越少時，人們越急著做出選擇。害怕失去某種東西，往往比希望得到同等價值東西的想法對人們的激勵作用更大。在受限的環境下，人們很容易就被激發出「得到它」的欲望，因而將「需要」變成「必須要」。

因此，你可以多加善用這點，介紹產品時，適時增添一些緊迫感，讓客戶產生「只有這一次機會」或「錯過了，將十分可惜」的感覺，促其加速做出購買決定。但運用這種方法的前提是，最好能確定客戶對產品有足夠的興趣，而且自己的產品也具有其他產品不可取代的優勢，否則，只是白白將生意讓給競爭對手。

妥善利用限量供應的策略，往往可促使客戶由猶豫不決迅速轉變為果斷下單，馬上成交。限量供應雖然會使客戶產生「不買就會吃虧」的心理，但這種方法不宜經常使用，否則就會失去新鮮感。要使消費者產生「只有一次」或「最後一次」的意識，才能成功喚起客戶的緊迫感，主動催著你買單。

⑥ 將花費減少到極小程度成交法

當我們銷售一樣高單價產品時，這個成交技巧就相當有

效，就是將產品總金額除以使用時間，換算到每天只要投資多少錢，當客戶發現每天只要花費極少的錢就可購買你的產品，自然就不會覺得你的產品貴了。例如：

「林經理！這課程的費用非常便宜，最重要的是所學的技巧可以用一輩子，若我們以 10 年來計算，課程費用 6 萬／10 年＝ 6 仟元（每年），平均每天只要 6 仟／365 天＝ 16 元，每天投資 16 元您就可以參與這堂對您一生極有助益的課程。林經理！每天 16 元會不會造成您很大的負擔？我想以林經理的財力和成就，這樣的投資有如九牛一毛，不是嗎？」

⑦ 蘇格拉底成交法

希臘最著名的哲學家蘇格拉底的溝通祕訣，**就是讓客戶說「是」**！心理學家指出，當一個人在說「是」的時候，他是身心放鬆的，會積極地接受外界事物，當對方連續回答「是！對！好！」之後，你再問對方問題時，對方也會輕易地配合你回答「是！對！好！」，所以只要你引導得好，客戶就很容易被你牽著鼻子走。

設計好你的成交問題，讓每一句問話都能誘導顧客說：「是」，消除客戶對你的戒備心理，同意你說的每一個觀點，自然就會不由自主地對你說：「Yes ！」

所以你可以事先想好一些能讓客戶回答「是」的問句，也可以搭配二擇一成交法，原則就是讓客戶回答自己想要的答案。這個技巧非常實用，適用於邀約客戶，產品介紹，締結成

交。

以下舉例說明，大家可以依自己的產品行業別加以改編。

業務：你知道投資股票會有漲有跌嗎？

客戶：當然知道。

業務：如果有一家公司沒有未來性、不會賺錢、發展性不夠、沒有格局、沒有成長空間、沒有潛力、對這家公司沒有信心，你應該不會投資這家公司對不對？

客戶：對！

業務：相反的，如果有一家公司具有相當的競爭力、又有潛力、未來又會有可觀的獲利、格局又宏觀、不斷的成長，你會投資嗎？

客戶：會呀！

業務：世界成功策略大師博恩‧崔西說每個人的大腦都是一部 280 億位元的超級電腦，如果你的大腦是一個投資標的物，你覺得大腦值得投資嗎？

客戶：嗯！

業務：如果投資自己可以運用自己所學的知識與智慧幫你每個月多賺一萬、五萬、十萬甚至更多，這是你要的嗎？

客戶：是的！

業務：現在就讓我們來看一下要如何讓你每個月多出更多的被動收入吧！

8 對比成交法

　　我們想像一下，當你前面放一桶冰水和一桶溫水，先把手放進冰水放三分鐘，再放進去溫水，你會感覺水溫有點熱，感覺比實際溫度還熱。這就是一種對比的原理。

　　從前有一個小女孩為了要存錢買腳踏車，就去批餅乾來賣，賣了一年共賣出四萬多包，許多銷售專家和心理學家就去研究她是如何做到的，結果發現她用的是對比成交法，她每天下課後都帶著好幾盒餅乾，一盒裡面有十包餅乾，另外她還帶了一張彩券，每當她挨家挨戶敲門拜訪時，她就會跟對方說：「您好！我為了存錢買腳踏車，所以每天利用下課後打工賺錢，這裡有一張彩券，只要三十元美金，您買一張好不好？」通常對方都會覺得太貴了，因為他們都知道一張彩券只要三元美金就買得到，但是這小女孩還是堅持不放棄地向對方說：「不會貴呀！你想想看，這彩券只要三十元，若中獎了！你可能得到三千元或五千元，一下子就賺回來了！」小女孩不斷地說三十元，三十元，三十元，一直不斷重覆三十元這個數字，當對方不耐煩並堅持不買後，她就從包包裡拿出二盒餅乾說：「不然這樣好了，這裡有二盒總共二十包餅乾只要十元，您要買嗎？」對方幾乎都是馬上付錢買了。

　　為什麼客戶最後會買呢？因為當小女孩一直重覆「三十」這個數字時，客戶的腦海裡會一直存在著「三十」這個數字，當你再說一個比三十更便宜的數字時，客戶會覺得比三十元更便宜了，所以很快就決定買了。

　　當我們在銷售時，我們可以視情況先銷售較貴的產品或套裝產品，比方說我是銷售商用軟體的業務，我可以先推出最貴的「旗鑑版」，若客戶最後依然是因為預算的關係而無法購買，我可以再推出次貴的「商務版」，若客戶還是不考慮買，我最後可以推出最陽春平價的「經濟版」，這時客戶會因為「經濟版」價格較便宜而決定購買，若我一開始就推出「經濟版」，客戶心裡會想著「要」與「不要」，反之我先推出最貴的產品再推出次貴產品，客戶會從中去挑選其中一種。

　　當然在銷售過程中，不要輕易讓步，要讓客戶知道這就是最適合你的解決方案，除非等到確定客戶願意用更少的金額購買時，你才可以讓步，並用對比成交法成交客戶。

⑨ 回馬槍成交法

　　有時無論我們如何介紹、勸購，客戶還是不買，那種失落、沮喪的心情，我能體會，這時可以用這一招。用法如下——

　　業務員說：「林媽媽！說真的，我覺得我們這套學習軟體非常好，也非常適合您的小孩，雖然您不願意讓您的小孩使用，也沒有關係，我不會勉強您的。」邊說這段話的同時要邊收東西，當東西都收好後，站起身來，往大門走去，裝作要離開的樣子。根據心理學，當業務員沒有成交將要離開時，客戶心裡頓時會鬆了好大一口氣，心裡想著終於又拒絕了一個業務員，此時客戶的心房會有所鬆懈，就是業務員最佳的反攻時機。

　　所以接下來這個動作很重要，當你的手握住大門門把要轉開時，馬上轉過身很誠懇地對著客戶說：「林媽媽！說真的！您不讓您的小孩擁有這套學習軟體的真正原因是什麼？可不可以告訴我，讓我這份工作能做得更好，是不是錢的問題？」

　　客戶：是！

　　業務員：錢的問題最好解決了，來！我來幫您解決。

　　（再坐回位子上繼續說明此產品對客戶的好處和價值，並以分期的方式解決價格的問題。）

⑩ 優惠成交法

　　優惠成交法又稱讓步成交法，是指業務員藉由提供優惠的條件促使客戶做出立即購買的決定的方法。例如，你可以向客戶保證在一段時間內提供免費的維修，透過提高產品的附加價值來吸引客戶的注意，促使客戶做出購買的決定。當然，價格的降低仍不失為一種極佳的優惠成交法。

CHAPTER 7

成交第6步

持續服務並要求轉介紹

SECRET
OF THE
DEAL

簽約之後與客戶
維持良好的友誼

很多業務員往往在成交一筆生意之後，就開始立即尋找下一個潛在客戶，而疏忽了已成交的客戶。其實對業務員來說，維繫老客戶與開發新客戶同樣重要，甚至老客戶更重要！

即使生意談成了，業務員還是不能放鬆，要適當與客戶保持連繫。可是有些業務員會想：都談完生意了，要用什麼理由再去約見客戶呢？的確，生意已經談完，但是業務員和客戶在生意中建立的情分還在，自然要努力維持，才不會白費了之前在這名客戶身上所下的功夫。

在我從事教育訓練課程推廣工作過程中，我常常定期發電子郵件給我的會員和潛在客戶，曾經有一個會員跟我說她最近很低潮，提不起勁，我後來不定期傳簡訊激勵她，例如：「放棄只要一句話，成功卻要不斷地堅持。」還邀請她來聽演講，事後她打給我跟我說她心情好多了！謝謝我的關心與付出，我聽了也很開心！覺得又幫助了一個人！

最厲害的業務員是跟那些即使沒有成交的客戶也保持良好的關係。那個人就是喬‧吉拉德，他對那些沒向他買車子的客戶還是很好，充滿著愛地說 I Love You，後來他又說 I Love

You 太肉麻，他現在改說 I like you，他逢人就說 I like you，你沒跟他買車他還是跟你握手說 I like you，但是有朝一日那些潛在客戶想買車時，就會拿起喬‧吉拉德的名片，優先以喬‧吉拉德為首選。所以他並不會因為客戶當下沒有買，沒有成交而擺臭臉，那些不買的人還是他的朋友，維持良好的關係。所以他賣車生涯的後半段，平均一天賣六部車。

　　所以當我們成交了一個客戶，你是否就不管客戶了呢？還是有繼續持續關心你的客戶，把客戶當成你的朋友呢？

不要斷了與客戶之間的聯繫

　　我們可以以朋友的身分，在客戶閒暇時約其喝咖啡或是下午茶，在「閒聊」中了解客戶的現狀。業務員也可以尋找適當的聚會或相關商業活動邀請客戶參加，在活動中可以與客戶探討問題，了解客戶公司的現況。其實不論用什麼方法與客戶相處，你的目的只有一個，那就是盯緊客戶，當發現客戶有絲毫想改約、後悔不想合作的想法或暗示時，才能及時說服客戶，不給客戶反悔的機會。

　　另外即使款項已順利入帳，還是不能忘記要和客戶保持聯繫，為下一次的交易製造機會。只要透過一些點滴的小事，往往就可以讓客戶始終對你有印象，並逐漸發展成好朋友：

➤ **節日問候：** 逢年過節時可以發簡訊問候或送禮物、送賀卡（電子與實體均可，但意義稍有不同）為客戶送去一份問候，既簡單又溫馨。

> **找時間點發簡訊：**可以在產品售出一週或成交一個月後，主動發簡訊關心客戶使用狀況是否滿意以及應注意的事項。生活中常見的例子是美容院會主動發簡訊告知客戶有優惠活動或是牙醫提醒病人要定時回診檢查或洗牙等。

> **贈送小禮物：**在條件允許的情況下，可以把公司的公關贈品送給客戶，讓客戶享受到實惠。

> **幫助客戶解決問題：**應盡己所能為客戶解決難題，不論是工作上的還是生活上的，這都會令客戶時常想起你。

定時了解客戶是否有新的需求

如果你總是沒事就聯繫客戶、就打電話和他閒聊，次數多了客戶會覺得困擾和厭煩，但如果你聯繫客戶時表明自己想了解客戶是否有新需求或新問題，客戶一定不會拒絕你。不僅能讓對方覺得你是個責任心極強的業務員，同時你也能了解到客戶的新需求，進而展開下一輪銷售。你可以透過一些方式追蹤或側面去了解客戶現狀：

> **打電話或寄 E-mail：**你可以定期給客戶打電話或寄 E-mail，以了解客戶需求。當客戶接到你的電話時也許會欣慰地想：這個人還記得我呢！對業務員的印象分數也會提高。

> **做上門回訪：**業務員可以直接上門回訪，但提前是要和客戶約好時間，不要貿然前往。

> **寄送調查回饋表：**將調查回饋表寄給客戶，讓客戶填寫對服務、產品的印象，產品或業務員需要改進的地方，以及客戶

還沒有被滿足的需求。

➤ **上網：**可以透過拜訪客戶的官方網站或相關的 Blog 與 Facebook 等社群以了解客戶的最新動態。

➤ **從對方的競爭對手那裡打探消息：**客戶的競爭對手一定也在密切關注著客戶的動態，如果有機會接觸到客戶的競爭對手，也可以透過這個途徑了解客戶當前現況。

及時告知客戶企業產品新資訊

對業務員來說，與客戶保持並加深密切關係的核心就是：保持與客戶的往來與合作，持續向客戶介紹能滿足客戶需求的新產品與新服務。當公司有新產品上市時，業務員要及時將產品的新資訊告訴客戶，這樣不僅能幫自己「看牢」客戶，還可以為自己創造更多的成交機會。可以從以下幾個方面來進行：

➤ **透過 E-mail 或信件發送新品訊息：**把新產品的資料整理好，透過 E-mail 或信件的方式發給客戶。提供給客戶的資料必須最新、真實、有系統，一堆亂七八糟的檔案只會招致客戶反感。

➤ **邀請客戶到公司參加新品發表會：**在一些大公司裡，如果新研發的某種產品與眾不同，公司可能會舉辦新品發表會，若有機會，可以邀請客戶參加，讓客戶了解最新產品的資訊。

優秀的業務員會採取多元與多樣的方式，做好老客戶的回訪工作，並在回訪的過程中爭取更多的訂單與要求較多介紹。

通常在產品使用過一段時間後，產品的效果也就出來了。這時，你可以打個電話關心一下客戶，瞭解他們對產品的意見。如果客戶買的是電腦，你可以問一問電腦的使用狀況如何；如果客戶購買的是護膚產品，你可瞭解客戶是否有皮膚過敏的反應，膚質是否有改善。一句關心的話，就可以得到最直接的訊息，並為下一次的銷售做好鋪陳。

用售後服務贏得回頭客

　　「以賺錢為唯一目標」是不少業務員所恪守的一條定律，在這個理念下，許多業務員為了追求獲利，不自覺地損害了客戶利益，致使客戶對供應商或品牌的忠誠度普遍偏低。這種以自身利益為唯一目標的作法極有可能導致老客戶不斷流失，自然也會損害企業的利益。

　　日本的許多企業家認為，讓客戶滿意其實是企業管理的首要目標。日本日用品與化妝品業龍頭花王公司的年度報告曾這麼寫著：「客戶的信賴，是花王最珍貴的資產。我們相信花王之所以獨特，就在於我們的首要目標既非利潤，也非競爭定位，而是要以實用、創新、符合市場需求的產品，增加客戶滿意度。對客戶的承諾，將持續主導我們的一切企業決策」。

　　豐田公司（TOYOTA）也正在著手改造它的企業文化，使企業的各組織部門和員工能將目光關注於如何在接到訂單一周內向客戶交車，以便縮短客戶等待交貨的時間，讓客戶更為滿意。日本企業的做法，使日本品牌的產品遠遠高於世界其他地區。以汽車品牌為例，歐洲車在歐洲的品牌忠誠度平均不到50%，而豐田車在日本的忠誠度卻高達65%。由此可見，重視客戶利益，讓客戶滿意，是抓緊客戶對企業忠誠度的有效方

法。客戶對企業有了忠誠度，不僅能以低成本從老客戶身上獲取利益，而且可因客戶推薦，提升新增客戶銷售額。

保持客戶長期的滿意度有利於業務員業績的提升。因為我們與客戶做的並不是單一買賣，成交過後便老死不相往來，而下一種長期合作，而長期合作才是經營之本。

我們總希望與客戶產生第二次、第三次交易，最終將新客戶發展成為我們的老客戶，但如果我們不關注客戶的滿意度，往往在第一次交易之後，客戶便對你敬而遠之了。那麼，要如何做才能做好售後服務，讓客戶滿意呢？

賣出產品並不是銷售活動的終結

業務員要明白這樣一個道理，那就是，賣出產品並不意味著就沒業務員的事了，因為業務員要做的並不是一次性買賣，而是希望與客戶達成長期交易。所以，產品售出後，你要對客戶進行以下的後續服務：

➤ **您還需要哪些服務呢？** 當交易完成之後，如果你能定期向客戶詢問，瞭解客戶需要哪些幫助，這樣不僅能向客戶表達自己的關心和關注，讓客戶充分感受到來自業務員的尊重和重視，還能透過你的主動詢問，盡可能瞭解客戶遇到的困難，有效解決這些問題。一旦發現客戶的問題之後，就要馬上解決，如果無法協助客戶解決問題，很可能會替你帶來極為不利的影響。

➤ **我馬上幫您解決：** 我們都知道，很多客戶在成交之後，或多

或少會遇上一些使用上的問題，有些可能是因為客戶對產品不夠瞭解，有些可能是產品本身的問題。當客戶遇到這些問題時，可能會聯繫產品的售後服務部門，也有可能直接聯繫業務員。如果客戶找到你，那麼你就要儘量為他提供良好的服務，即使不能為客戶解決問題，也應該積極主動幫助客戶聯繫相關的服務人員。如果業務員在這時推卸責任，就是犯了大忌。例如：

客戶：「我發現最近這台電腦啟動速度特別慢，不知道哪裡出現問題了，你們能幫忙解決一下嗎？」

銷售人員：「您有沒有先掃毒看看是不是中毒了？如果是您上網而中毒的話，那就不在我們的保修範圍之內……」

客戶：「我最近根本就沒有上過網，明明就是你們電腦本身的問題……」

銷售人員：「那請您打我們的售後服務電話吧，他們負責產品的後期維修，電話號碼是……」

如果當客戶向你請求幫助時，你這樣拒絕了他，可想而知，客戶一定會對你不滿，你將來再想賣給他產品或期望他能幫你轉介紹，就比登天還難了！

 ## 將貼心周到的服務進行到底

有些業務員在成交之後便不再與客戶保持良好的關係，使客戶覺得業務員與自己「稱兄道弟」不過是為了成交而已，甚至有了被騙了的感覺。

　　對於業務員來說，對客戶的服務應該是始終如一。即便在成交之後，你也應該繼續服務，做好售後服務並做定期回訪。

　　打從一九九四年開始賣賓士車以來，陳進順迄今已賣出六百多部賓士，至少創造十八億元業績。幾乎年年榮登賓士銷售龍虎榜（現為賓士菁英），包括郭台銘、詹仁雄等名人都是他的客戶。

　　陳進順認為「信任二字，從交車那一刻起開始培養。」每一次售後服務都是絕佳的行銷機會，他將自己的工作時間80%用在做售後服務，只有20%時間是在做銷售。客戶要求幫忙維修保養，陳進順非但不嫌麻煩，還視為難得的好機會，「這表示他沒有透過你，會不安心。」顧客的期望值越高，要求當然也越多。曾有客戶只要車子一有狀況，或維修遇到問題，就立刻打來破口大罵，陳進順都會先用同理心安撫對方，「對，為什麼會修不好，我立刻幫您問到底是誰負責維修的？」如果客戶還是怒不可遏，就趕緊轉移話題，聊客戶喜歡的事物，如「您明天會去打球嗎？」讓氣氛和緩一點。

　　陳進順隨身攜帶的顧客記事本，仔細記錄了客戶各方面的細節資料，約有四百多個重要資料，可說是他做生意的「葵花寶典」，詳細記載每個客戶送了什麼東西、買哪家的保險、以什麼方式付款、貸款或現金比例等。當客人轉介紹客人時，陳進順會特別注意先前送給老客戶什麼東西，若是新客戶有賓士杯子，老客戶卻沒有，就糟糕了。再加上他殷勤提供售後服務，長期維繫顧客關係，才能登上頂尖業務員的位子。

　　將服務做得徹底，始終與客戶保持良好的關係，客戶才願意與你長期合作，並在朋友面前替你說好話。你可以透過以下幾點讓自己的服務更貼心完善：

> **信守承諾**：在銷售過程中對客戶的承諾都要做到，不能讓客戶有被欺騙的感覺。

> **不推卸責任**：發現問題後要勇於承擔，不讓客戶為錯誤「買單」。

> **傾聽客戶抱怨**：當產品出現問題後要積極解決問題、傾聽客戶抱怨，不讓客戶「有口難言」。

> **體現客戶優越感**：要尊重客戶，重視客戶的感受，讓客戶有優越感。

> **徹底解決問題**：若產品出現問題要予以徹底解決，不給客戶留「後患」。

做到讓客戶全面滿意才是王道

　　在現在高度競爭的環境中，除了比產品、比價格、比品質、還比服務和感覺，如果你能讓客戶喜歡你、信任你，對你的表現非常滿意，自然而然他就變成你終身的客戶或粉絲，客戶就不會跑到你的競爭對手那裡去了。所以要做到全方位的服務，而不只是做到局部好而已。

　　留住一個現有客戶，比發展三個新的客戶更能獲得長期利潤（LTV）。從成本效益角度看，增加客戶的再消費水準比花錢尋找新的客戶要划算得多。

　　此外，在留住客戶方面，只要增加少量的心力投入也會帶來成倍的利潤成長。

　　客戶流失已成了很多企業所面臨的尷尬情況，失去一個老客戶會帶來嚴重的損失，也許企業得再開發十個新客戶才能予以彌補。

　　客戶的需求不能得到切實有效且立即的滿足，往往是導致客戶流失的最關鍵因素。因為客戶追求的是較高品質的產品和服務，如果我們無法提供給客戶優質的產品和服務，客戶就不會對我們滿意，又如何能萌生牢不可摧的忠誠度呢？

　　許多企業已意識到培養忠誠的客戶是經營的關鍵，但卻往往不得要領。例如，當客戶在餐廳沒有受到周到服務而投訴時，餐廳通常以折價或免費的方式給予補償，期望以此獲得客戶的忠誠度。但這只能平息客戶一時的怨氣，無法得到客戶永久的忠誠，因為客戶要的是美味的食物和優質的服務。

　　有些公司雖然意識到客戶服務的重要，但卻未能真正維繫這種關係。

　　有位先生有很長一段時間，總會在節慶日時收到一家公司的賀卡或活動邀請函等，他想，這家公司應該是極其尊重客戶、珍視與客戶關係的，因此對這家公司的印象很好。但有一次，他真的有問題，向這家公司的客服人員連發了兩封E-mail，卻未得到回覆，他感到很失望，也就不再相信這家表裡不一的公司了，沒多久就將業務轉向其他公司了。

顧客抱怨巧處理

　　顧客沒有覺得後悔買貴了、買錯了、買早了……，他就會主動為你轉介紹，而你要用持續的售後服務、後勤支援、來打消或解除「後悔」這件事兒，讓客戶的後悔無所遁形。

　　業務員的售後服務做得好，有助於下次的銷售。首次成交靠產品，再次成交靠服務。只要服務做得好，不怕沒客戶，這就是開創新客戶的不二法門，也是倍增業績的祕訣！對於許多老練的業務員來說，被老客戶推薦的新客戶是新生意的重要來源。

　　我們必須重視客戶，滿足客戶，這樣一來，你的客戶會很樂意再為您介紹另一客戶，形成客戶介紹客戶的良性循環，這也是售後服務的最高價值。

　　反過來說，一些業績不好的業務員，商品一賣出去就什麼都不管，偶爾想到再去拜訪客戶時，也只抱著是否能得到更多業績的想法，這完全是為了自己的利益才去拜訪客戶，客戶感受不到業務員的真誠，自然不滿意。

　　我知道很多業務員因擔心客戶會抱怨商品，所以不願做持續的售後服務，但是我們必須了解，售後服務的目的原本就是要進行檢視商品是否會發生使用不便的情形，再針對其原因加

以改善。因此，客戶當然會產生各種抗議、批評或不滿的態度，但是如果我們已事先做好心理準備，反倒能輕鬆處理好這些客訴和抱怨。

　　根據一份國際權威機構的研究報告顯示，在分析許多跨國企業長期性的客戶調查統計資料後發現：

● 服務不周會失去大約九成四比例的客戶。

● 客戶的問題沒有獲得解決會失去八成九比例的客戶。

● 在不滿意的客戶中，有六成七比例的客戶會採取投訴行動。

● 客戶抱怨或投訴之後，只要問題獲得解決，大約能挽回七成五比例的客戶。

● 客戶抱怨或投訴之後，表達特別重視對方意見，並且採取及時、高效的方式努力解決問題，將會讓九成五比例的客戶願意繼續接受服務。

● 創造一名新客戶所花費的費用，是維持一位老客戶所需花費用的六倍。

　　總之，售前服務讓客戶感動，而售後服務更是不可少，如果售前和售後做得好，將使客戶對你產生強大的信任感，只要你主動要求，客戶會幫你介紹新客戶，相反的，賣出商品後便不聞不問，只是拚命找下一位新客戶，很可能再過幾個月，你就會因為沒有新客戶而陣亡了。

 將抱怨的客戶變成滿意的客戶

　　「只有滿意的客戶，才有忠實的客戶。」因為每一位客戶

的背後，都有一個相對穩定、數量不小的群體，贏得客戶的心，經常能連帶獲得他所屬群體的信任。但相對的，一位客戶的抱怨與不滿也能摧毀潛在市場。尤其隨著通訊科技的高速發展，自媒體已然遍地開花，壞消息會比好消息傳播得更快，當客戶認為他們的問題沒有獲得滿意的解決，他們會利用各種管道與方式廣而告知，而這也讓業務員必須更加謹慎地處理客戶抱怨。

在處理客訴時，光有善意與責任感是不夠的，還要有方法。許多人一遇到客戶抱怨的情況時，經常會手忙腳亂、毫無章法，致使客戶的不滿情緒高漲，因此，以下七項處理原則，可以協助你立即掌握狀況，有步驟、有計畫性地解決客戶問題。

1 永遠正視客戶的抱怨

當客戶有所抱怨時，絕對不要逃避或忽視，很多時候，他們的抱怨是在提醒你必須改進之處。

2 營造友善氣氛，讓客戶暢所欲言

無論客戶是否帶著怒氣，你都應該營造友善的氣氛，並讓對方完全傾吐心中的不滿與想法，這除了能減低對方負面情緒的強度外，也能讓你確實瞭解問題的核心之所在。

③ 不與客戶爭辯，並且避免自我辯護

客戶正在表達不滿時，你應以平和、友善的態度仔細傾聽，避免與對方爭論對錯，或是試圖自我辯護，這只會激化客戶的不滿情緒，對於化解爭議並沒有任何益處。

④ 尊重客戶的立場，不要有先入為主的觀念

客戶抱怨時，要能尊重對方的立場，不可有先入為主的觀念，輕率地否定對方的意見。

⑤ 不急於做出結論，但要展現積極處理的誠意

有時客戶的不滿會涉及許多層面，甚至無法當下立即處理，此時，你不必急於做出結論，而應展現積極處理的誠意，除了請求對方給予你處理的時間，也應承諾一旦確認解決方案後，將會迅速為對方處理問題。

⑥ 向上司回報問題，或是自我記錄處理的經過

如果客戶的抱怨必須獲得上司的協助才能處理時，務必確實向上司回報你遇到的問題，千萬不要隱匿不報，導致情況惡化。如果客戶的問題你能獨自解決，也應記錄處理經過，以便從中思考解決方式，日後也可作為檢討或改進的依據。

⑦ 擬定最佳的解決方案，徹底執行

當你向客戶提出解決方案時，必須確實說明解決的方式，

並且要獲得對方的理解與認同，必要時，你也可以提供表達歉意的小禮物，而後便是徹底執行解決方案。

面對後續問題的處理時，也別忘了調查客戶的反應，親自致歉並且確認對方的問題已經獲得解決的負責任態度，除了能減輕對方的不快，也能贏得對方更深的信任感！

客戶後悔了想退貨怎麼辦？

客戶對買回去的產品不滿意，覺得自己受騙了、後悔了而想退貨，見到你之後，他最想做的就是告訴你他的感覺有多麼糟糕，你的產品給他帶來了什麼樣的負面影響。所以這時你如果想用解釋堵住他的嘴也幾乎不可能，就算真的制止了他的話，也平復不了他的怒氣，甚至會讓他累積更多的不滿。與其如此，不如讓他痛痛快快地發洩出來，不論是他自以為受騙的原因、還是產品真的給他造成的影響，你都要耐心傾聽，不要為了證明你的正確而急於反駁，否則只能使談話氣氛越來越糟，在爭論中，你不僅會失去良好的形象，也會連帶影響到公司的聲譽。

客戶向你投訴，就是為了要一個結果，所以你要仔細瞭解事實真相，讓他們的心理得到平衡和滿足。在弄清楚緣由之後給予他們有效的回答，如果你發現客戶的質疑是受他人影響而造成的，而並非你產品本身有問題，也不是你的銷售過程有問題，那麼就要向客戶解釋清楚，準備好相關資料向客戶證明他的想法是不正確的，消除他不必要的擔心。你可以多多收集

老客戶給你的感謝信或產品使用分享並把它們放在你的公事包中，需要的時候可以拿出來消除新客戶的疑慮，相當有效。如果客戶的質疑是客戶自己使用產品不當造成的，那麼你就要向客戶說明產品的正確使用方法，使他明白問題並不在於你和你的產品。

客戶因對產品不滿而要求退貨，是棘手的問題。一般出現這種情況的話，問題往往不在產品本身，多數是客戶主觀臆斷的結果，因此也會有業務員表現出強硬的態度，堅決不予退貨，結果就是讓雙方談話進入僵局，導致客戶更強烈地堅決要退貨或賠償。任何一位銷售人員都不希望自己因為賣出產品而牽連到賠償問題，使自己已獲得的利益受到損失。因此對於客戶要求退貨或甚至索賠要求，業務員要儘量在不涉及賠償的情況下解決，這就需要使用更有效的方法。但是如果賠償責任真的不能避免或是補救，該承擔的業務員也要勇敢承擔下來。

面對這種情況，建議以下原則來處理、解決：

① 弄清楚客戶認為產品不好的原因

客戶抱怨產品不好，也一定有原因，即便客戶要求退貨的原因是出於主觀，也要弄清楚他們到底是什麼想法，為什麼會這麼想，所以就要多向客戶提問，並給客戶闡述觀點和意見的機會，讓他們完整地表達他們的意思。在客戶闡述的過程中，要做到認真傾聽，即便是客戶的觀點不合理，也不要打斷客戶的談話。待客戶說完原因後，再根據具體情況做出相應的處

理。

2 在合理範圍內幫助客戶解決問題

如果客戶拿回的產品符合退換貨的標準，業務員就要適當地做出讓步，並告訴客戶本來這種情況是不能退換貨的，這樣就可以避重就輕的解決事情，能換貨的絕不退貨，以此來確保公司的利益。

如果產品是客戶因使用不當所造成的損壞，就必須向客戶說明原委，使他明白並非產品本身存在問題，他自己也需要負一定的責任，然後根據具體情況做出補救措施，例如酌情收取一定的費用為其維修，只要你的態度誠懇，客戶一般都會接受。如果被證明產品是產品本身品質出現問題，就要誠懇地向客戶表示歉意，然後盡最大能力採取補救措施，例如免費為其維修、更換產品、並額外增加服務專案、辦理折扣卡，延長售後服務期間等，使客戶享受到更多優惠，盡己所能地化解客戶的不滿。

3 消除客戶對產品的不正確認識

有時客戶認為產品不好可能是因為自己的使用方法不對或是對產品的認識不正確。對於這種情況，只要業務員能夠婉轉地加以說明，一般都是可以解決的。例如客戶因為個人觀點的侷限認為肩背包的顏色不好搭配衣服，業務員就可以使用色彩搭配法為客戶選出可以與肩背包搭配的顏色，透過引導讓客戶

轉變認知,而去消除其對產品的不滿。

４ 不要激怒客戶

如果客戶的退貨要求過於主觀,並且執意要退貨,那麼你也不能言辭激烈地反駁,以免局面最終難以收拾。你可以透過引導的方式與客戶進行溝通,如果客戶仍然執意要退貨,那麼在許可的條件下,你可以改為換貨,並告訴客戶這是底線。而如果客戶的情況不能換貨,就要向客戶說明原因,並誠懇地向客戶道歉,對於你的這種態度,一般通情達理的客戶都不會再繼續糾纏不放。

５ 向客戶表示歉意

道歉是舒緩緊張關係的好方法。像是一個人踩了另一個人的腳,一句「對不起」,就可以消除一觸即發的怒氣。而在銷售工作中也是,無論造成雙方關係緊張的原因是什麼,業務員只要先說一聲道歉的話,就能讓氛圍馬上變得和諧起來。

客戶就是你的條仔腳，讓客戶主動替你宣傳

　　銷售領域裡有這樣一句話：「先交朋友，再做生意」是說業務員在做生意前，先要和客戶成為朋友。客戶是業務員最寶貴的資源，業務員與客戶成為朋友，建立起良好的關係，不僅比開發新客戶能節省更多精力，而且還能讓客戶做免費的義務宣傳，幫助自己宣傳產品，成交率通常都很高。永慶房仲集團總經理廖本勝曾表示，公司裡頂尖的房屋仲介，可能有高達九成的業績都是老客戶轉介的。有的人因此都沒辦法退休，因為客戶的介紹電話老是接不完。

　　全球最偉大的汽車銷售員─喬‧吉拉德（Joe Girard）也說：「他有六成的業績來自老顧客與老顧客介紹的新顧客。」

　　「嗨，安，好久不見，你躲到哪裡去了？」喬‧吉拉德微笑著，熱情地招呼著一個走進展區的客戶「嗯，最近比較忙，現在才來看看你。」安抱歉地說。

　　「難道你不買車就不能進來看看？我還以為我們是朋友呢！」

　　「是啊，我一直把你當朋友，喬。」

　　「你若每天都從我這裡經過，我也歡迎你每天進來坐坐，

哪怕就是幾分鐘也好。安,你做什麼工作呢?」

「目前在一家螺絲機械廠上班。」

「哦,聽起來很棒,那你每天都在做什麼呢?」

「製作螺絲釘。」

「真的嗎?我還沒有看過螺絲釘是怎麼做出來的,方便的話找個時間去你那裡看看,歡迎嗎?」

「當然,非常歡迎!」

喬·吉拉德只想讓客戶知道他很重視他的工作,或許在此之前,沒有人有如此興趣問客戶類似的問題。

等有一天,喬·吉拉德真的特地去拜訪安的公司,看得出安喜出望外。他把吉拉德介紹給他其他的同事們,並且自豪地說:「我就是向這位先生買車的。」吉拉德趁機給了每人一張名片,讓大家方便聯繫他。

喬·吉拉德透過與客戶交朋友,為自己建立起固定客戶,而且藉由固定客戶的介紹和宣傳認識了更多客戶,給自己贏得了更多銷售機會,這正是這位世界級銷售大師(以售車業績擠進金氏世界紀錄)成功的重要原因之一。

贏得客戶的信任

曾經有汽車業界人士這樣形容:「賣一輛現代汽車,比賣三輛豐田汽車還難。」然而現代汽車的業務員林文貴卻可以創下台灣有史以來單一年度銷售汽車量的最高數字:205輛,很難想像這是一名位在台南佳里小鎮的小業務員所創造出來的佳

績。客戶口中土味十足的阿貴就是信奉喬‧吉拉德的「二五〇定律」——滿意的顧客會影響二百五十人，抱怨的顧客也會影響二百五十人，所以得罪一個人，幾乎等於得罪二百五十個客戶。他說：「我賣車攏是客戶一個一個介紹的，每個客人都是我的條仔腳（椿腳），每一個客戶都是我的朋友，以前前輩跟我講，十個客戶中有兩個是椿腳就不錯了，但現在我手中還有保持聯絡的客戶，就有五百多個……」

林文貴的師傅陳華洲說，阿貴是在做人，不是在賣車，若是有客人介紹生意，不管多遠，他絕對服務到家，也因此他的客戶當中來自外縣市者就高達六成。

憨直的阿貴有絕對耐煩的超「人」力，碰壁再多次都不怕。他曾拜訪一位女客戶高達九次都未能成交，依然不放棄地去找出對方不願意下單的原因，終於讓他發現女客戶買車是為了接送坐輪椅的先生往來醫院看診，於是他主動提議要自掏腰包幫客人更換可自動調整高度的電動座椅，讓坐輪椅的先生可以方便上下車，這種看到客戶深層需求的貼心舉動，當然案子成交了！而且還成為阿貴的死忠椿腳。

阿貴還有一樣絕招就是把握交車的最後服務時間，他會不厭其煩地為客戶講解用車的所有細節，並一定要客戶親自動手、試車，如果客戶有使用上的問題，一定會講解到對方聽懂為止，並不會有半點想要草草了事的敷衍心態，他還會帶客人走一趟保養廠，先讓車主和保養廠人員彼此熟識。如此仔細的服務除了是希望客戶都能懂得使用和欣賞這部車，客戶滿意了

就會和親友們分享他新買的「戰利品」，這樣就能再滾出新的生意。阿貴說，他最高紀錄，可以從一家人中滾出七輛車。

業務員想與客戶成為朋友，並為自己做義務宣傳，首先就要贏得客戶信任。業務員可以收集客戶的資料，了解客戶的興趣，然後再投其所好，搏感情做真正的朋友。同時你與客戶接觸得越多，相互了解也就越多，關係也就更麻吉。再經由他們獲得更多客戶，完善和拓展自己的銷售關係網。

 ## 利用自己的關係幫助客戶解決難題

朋友是在困難時肯幫助你，也會把好東西分享給你的人。試想，客戶憑什麼在自己的朋友面前替你做宣傳？當然是因為你們之間的關係好！

但是這種良好的關係不是你幾句話就能換來的，你只有盡己所能幫客戶解決問題，服務夠貼心，才能贏得客戶更多的信任和認同，使你們之間建立起更深厚的友誼。

小簡在大學畢業之後踏上了業務員之路，但是，小簡推薦的牌子很少有人聽說過，這讓小簡的工作一度停滯。

這天小簡在拜訪傑的時候得知傑的公司陷入了經濟危機，需要一大筆資金來周轉，可是傑的公司暫時拿不出這麼多錢來。小簡思考了一下，建議說：「您可以貸款啊！我剛好有個不錯的朋友在銀行放款部工作，我把他的電話給您，您可以試著聯絡看看。」於是傑透過小簡的朋友貸出一筆錢，順利度過了這次難關。

從此小簡和傑成了好朋友，傑主動提出幫小簡推薦產品。傑公司的同事、生意上的夥伴甚至鄰居，都一一買了這個牌子的產品。他們用過之後都覺得比那些所謂的名牌商品更好用，外加小簡公司產品品質很好，價格也實惠，所以越來越多的朋友介紹客戶來購買產品，小簡的銷售業績迅速上升。

你利用自己良好的人脈關係，幫助一籌莫展的客戶解決燃眉之急，必然能讓客戶對你的好感倍增，同樣他們也會盡力幫助你宣傳產品，為你介紹客戶。有人做過統計，在商場的銷售中，六十％的業績是來自二十％的老客戶。如果業務員向客戶推薦自己的產品，客戶可能還會半信半疑，但如果是老客戶的推薦和介紹，效果可就大大不同了。

很多時候你幫客戶做盡了所有該做與不該做的事後，很可能碰上如台語俗話說的「做到流汗，被嫌到流涎」。業務人員以為要盡量給客戶東西，錯了，你可以要求客戶給你東西，客戶反而會很高興。客戶會覺得他給了你恩惠，比方說你拜訪客戶的家，發現這名客戶的興趣是收集奇石，家裡擺了很多各式各樣的石頭。一般人想法是客戶有收集石頭的嗜好，那我下次一定要記得送他石頭。但高明的做法是向客戶要一個石頭。這麼大膽的做法很少人敢做，但如果你真要到的話，他反而成為你的終生客戶。

中國紡織出版社的社長我認識他十五年，我是透過北京市市委書記介紹認識的，因為當時我幫北京市市委書記出了一本書，還給了他十萬元的稿費。當時第一次介紹我到中國紡織出

版社社長家中拜訪，發現社長有集郵的愛好，我當時就大膽問他有沒有哪一個是最具中國特色的郵票送我一枚。他很高興地送我一枚中國百家出版社創社紀念郵票，他說這個最具紀念義意送給我珍藏。這是我開口跟他要的，而我也接受，是他送我東西，結果讓他感覺給我很大的恩惠，從此之後我和他的合作可說是非常順暢，我每年在大陸出書的書號有一半是從他那裡取得的。當然後來在台灣我也會收集很多郵票送給他。

真正高明的業務工作是「讓客戶給你恩惠」。想想，假如你為一個政客投了票，捐了錢，要是他失敗了，那證明你是個傻蛋，為了不當傻蛋，你會拼命幫他辯護。要是他成功了，那證明你有遠見，所以你會拼命地認同你挑選的那個政客。這就是政客鼓吹大家來小額捐款的妙用。而政客的滿意度與當初的得票率高度重疊，也是出於同一種心理。這都是選民在選後仍然在為自己的行為辯護。

客戶和選民一樣，會為自己的選擇辯護。

人會為自己做過的行為辯護，也就是人會自我感覺良好。

人會對於已經無法改變的事，會根據自己條件，說服自己接受現在的狀況；因為人不會一輩子活在悔恨之中，這是人類自我保護的機制。

所以，請客戶幫兩個忙，就能讓產品變成他願意辯護的選項，讓他們主動替你背書，為你的產品或服務代言。

第一、徵詢客戶對產品的意見，讓客戶認為他是聰明的。

第二、與客戶共同完成一件事，讓客戶參與我們的銷售工

作。

　　客戶的口碑，是對產品最好的宣傳。客戶用了你的產品後，如果認為不錯，一定會向他的親朋好友宣傳，他的親戚、朋友、同事也會受其影響進而買你的產品，這正是業務成交的最高明手段啊！

視野 **創**新．**見**解廣博，
創見文化——智慧的銳眼！

人只要會反思，路就無限寬廣。
和知識經濟閒話家常，從內涵到視野，文化都是一種解脫。
文化灌溉心靈，也實踐了內在的精神；
文化解讀知識，也探索直覺；
文化帶來了愉悅，當然也能打造未來!!

創見文化是台灣具品牌度的專業出版社之一，以**商管、財經、職場**等為主要出版領域，
廣邀國內外學者專家創作，切合趨勢的脈動，並融合**全球化的新知與觀點**，規劃用心、
製作嚴謹，期望每本書都能帶給讀者特別的收穫，**創造看見知音的感動！**

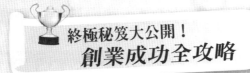
終極秘笈大公開！
創業成功全攻略

《**不創業，就等死**》
林偉賢/著　定價：350元

《**眾籌**
無所不籌‧夢想落地》
王擎天/著　定價：320元

《**TSE絕對執行力**》
杜云生、杜云安/合著
定價：350元

《**無敵談判**》
羅傑‧道森、杜云生/合著
定價：350元

……多種好書甫一推出，即榮登金石堂等各大書店暢銷書排行榜，深受讀者歡迎及業界肯定。

趨勢觀點最前瞻‧菁英讀者最推薦，創見文化引你走向更好的未來！

為什麼
你還是窮人?創業如何從0到1
創業‧經驗‧分享 Startup + Experience + Sharing

19世紀50年代在美國加州的發現大量黃金儲量,隨之迅速興起了一股淘金熱。農夫亞默爾原本是跟著大家來淘金一圓發財夢,後來他發現這裡水資源稀少,賣水會比挖金更有機會賺錢,他立即轉移目標——賣水。他用挖金礦的鐵鍬挖井,他把水送到礦場,受到淘金者的歡迎,亞默爾從此很快便走上了靠賣水發財的致富之路。無獨有偶,雜貨店老闆山姆‧布萊南蒐購美國西岸所有的平底鍋、十字鍬和鏟子,以厚利賣給渴望發財的淘金客,讓他成為西岸第一個百萬富翁。

每個創業家都像美國夢的淘金客,然而真正靠淘金致富者卻很少,實際創業成功淘金的卻只占少數,更多的是許多創新構想在還沒開始落實就已胎死腹中。

創業難嗎?只要你找對資源,跟對教練,創業不NG!

師從成功者,就是獲得成功的最佳途徑!
不論你現在是尚未創業、想要創業、或是創業中遇到瓶頸

你需要有經驗的明師來指點——**應該如何創業,創業將面臨的考驗,到底要如何來解決——王擎天博士就是你創業業師的首選**,王博士於兩岸三地共成立了**19**家公司,累積了豐富的創業知識與經驗,及獨到的投資眼光,為你準備好創業攻略與方向,手把手一步一步地指引你走上創富之路。

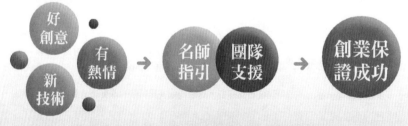

好創意 / 新技術 → 有熱情 → 名師指引 / 團隊支援 → 創業保證成功

2017八大明師創業培訓高峰會

Step1	Step2	Step3	Step4	祝!
想創什麼業?	你合適嗎?	寫出創業計畫書	創業,我挺你!	創業成功!

國家圖書館出版品預行編目資料

成交的秘密 / 王擎天 著. -- 初版. -- 新北市：創見文
化出版，采舍國際有限公司發行, 2016.11　面；公分
-- （擎天商學院01）
ISBN 978-986-271-710-3（平裝）

1. 銷售　　2. 顧客關係管理

496.5　　　　　　　　　　　　　　　105012759

擎天商學院01

成交的秘密

創見文化 · 智慧的銳眼

出版者／創見文化
作者／王擎天
總編輯／歐綾纖
主編／蔡靜怡　　　　　　　　　　美術設計／蔡億盈

本書採減碳印製流程
並使用優質中性紙
（Acid & Alkali Free）
通過綠色印刷認證，
最符環保要求。

郵撥帳號／50017206 采舍國際有限公司（郵撥購買，請另付一成郵資）
台灣出版中心／新北市中和區中山路2段366巷10號10樓
電話／（02）2248-7896　　　　　　傳真／（02）2248-7758
ISBN／978-986-271-710-3
出版日期／2017年再版7刷

全球華文市場總代理／采舍國際有限公司
地址／新北市中和區中山路2段366巷10號3樓
電話／（02）8245-8786　　　　　　傳真／（02）8245-8718

全系列書系特約展示門市
新絲路網路書店
地址／新北市中和區中山路2段366巷10號10樓
電話／（02）8245-9896
網址／www.silkbook.com

※本書全部內容，將以電子書形式於新絲路網路書店全文免費下載！

本書於兩岸之行銷（營銷）活動悉由采舍國際公司圖書行銷部規畫執行。

線上總代理 ■ 全球華文聯合出版平台 www.book4u.com.tw
主題討論區 ■ http://www.silkbook.com/bookclub　　　● 新絲路讀書會
紙本書平台 ■ http://www.silkbook.com　　　　　　　● 新絲路網路書店
電子書平台 ■ http://www.book4u.com.tw　　　　　　● 華文電子書中心

B 華文自資出版平台
www.book4u.com.tw
elsa@mail.book4u.com.tw
iris@mail.book4u.com.tw

全球最大的華文自費出版集團
專業客製化自助出版 · 發行通路全國最強！